清代河務檔案

QINGDAI HEWU DANG'AN

《清代河務檔案》編寫組 編

4

广西师范大学出版社
GUANGXI NORMAL UNIVERSITY PRESS
・桂林・

第四册目録

河東河道總督奏事摺底（二）

咸豐十年河東河道總督奏事摺底

奏為恭謝
天恩仰祈
聖鑒事竊臣齎摺差弁回工捧到
恩賜
御書福字一方當即恭設香案望

闕叩頭祇領欽惟我
皇上繁禔單厚
曼壽延洪
禹疇揲敷錫之原
祓禧咸備
羲畫闡元包之祕

軌則宣昭固已詩詠攸同

萃壬林於

丹扆是用交占並受

均子惠於蒼生實舞蹈之難名欲鋪張而莫罄臣材

同樗櫟懼切冰淵

禁地依

光載拜
奎章於墨刻河堧供職更切
寶翰於彤箋薰沐恭懸悚惶紛集臣惟有殫籌捍禦
加勉宣防念
恩膏之不可倖邀知弗祿之在乎能載[illegible]未小心於夙
浚導河而兼策防河
錫福而自思載福
夜待期與日俱深被大愧以

陽春仰頌
如天之福所有微臣感激下忱理合繕摺恭謝
天恩伏乞
皇上聖鑒謹
奏
咸豐十年正月十七日具

奏於二月初三日奉到

硃批知道了欽此

奏爲恭報黃河凌汛安瀾仰祈
聖鑒事竊照上冬凌汛屆期督飭各廳營小心防護並嚴催
赶辦歲料情形當經繕摺具
奏在案自交冬至以後天氣嚴寒河冰易結始尚
小塊隨溜流澌既而大塊冰凌下注其臨黃埽

攜

垻每處創傷河勢坐灣之處尤恐擁積抬〔擡〕水防
護倍應慎重先經各廳營稟明動用存工舊料
將卑矮埽段擇要加廂高整容掛撓凌柳椿以
資捍禦並專〔派〕勤幹弁兵携帶打凌器具沿河往
來查看凡有冰塊停積立時敲打推行不任壅
遏為患 臣在豫駐工督防河岸密加查察各該

廳營汛弁尚知凌汛同關緊要俱係親任長堤
分投防守現已節過立春氣候漸和陽回凍解
大河溜勢循順行走兩岸工程修防平穩安瀾
誌慶堪以仰慰
聖懷惟往後積凌融化兼值春水發生之時滙流下
注溜力日勁兩岸磚石埽壩必須加謹保守而

河勢趋向靡常各工平險莫測　臣　當督飭道廳
隨時詳察情形緩急相機撙節修防斷不
任稍有疎忽至上游各廳額辦歲料為桃伏秋
三汛廂修埽工要需採辦不容遲緩前數載因
司庫錢粮未能依時寬撥均遲至次年春間收
買價值倍昂折耗較多是以　臣　於上冬另立章

程面商撫臣藩司籌撥料價飭令提前採辦催
據各廳呈報俱於年前設廠復委在工學習之
詹事府洗馬伍忠阿翰林院編修童福承前赴
兩岸查催先就司庫發給銀兩儘數購堆其不
足者一面再催藩司迅速籌款撥發接濟一面
仍飭各該廳挪措湊墊務於桃汛期內一律堆

齊以便接辦防料磚石庶工儲充裕備防有資
修守稍有把握不任藉詞延緩除俟歲防各料
辦竣驗收後另行具陳
奏外所有凌汛安瀾緣由理合恭摺奏報伏乞
皇上聖鑒謹
奏

咸豐十年正月十七日具

奏於二月初三日奉到

硃批覽奏均悉欽此

再查東省閘内運河為漕行要道雖以汶水為來源尤賴各山泉之水滙流助益而山水挾沙下注水過沙停易於淤墊是以每歲冬間例應估辦挑工庶河深方能容水以利舟行自咸豐三年以後因南粮改由海運司庫錢粮復廹於軍餉籌款不易以致估而未挑者迄今已將七

載河身愈墊愈高間有淤成平陸之處按現在
情形必須大加挑挖以便漕艘及貢商民船
隻往來行走但南漕並無河運之信而目前司
庫異常支絀何能籌此挑河鉅款臣上冬在濟
時體察情形即經面諭運河道敬和不必委員
勘估暫行停挑往來船隻仍令設法繞湖行走

其塘長河及閘門上下凡有淤灘過形梃峙者
均責令各汛閘額夫挑切順勢以期無礙船行
毋須另請挑河錢粮惟河底既已墊高隄岸日
形卑矮除飭運河道廳寔力保守外理合附片
奏
伏乞
聞謹
聖鑒

奏

咸豐十年正月十七日附

奏於二月初三日奉到

硃批知道了欽此

奏為查明咸豐九年十一月分各湖存水尺寸謹
繕清单恭摺仰祈
聖鑒事竊照嘉慶十九年六月内欽奉
上諭湖水所收尺寸每月查開清单具奏一次等因欽
此所有上年十月分湖水尺寸業經 臣 繕单具

奏在案茲據運河道敬和將上年十一月分各湖存水
尺寸開摺禀報前來臣查微山湖定誌收水在
一丈四尺以內因豐工漫水灌注量驗湖底積
受新淤恐不敷濟運經前河臣李　會同前撫
臣崇　奏奉
上諭加收一尺以誌樁存水一丈五尺為度上年十

月分存水一丈二尺四寸十一月內水無消長
較八年十一月水大二尺二寸此外除蜀山一
湖長水一分馬場馬踏二湖水無消長外其昭
陽南陽南旺獨山等四湖消水二寸及二分計
昭陽湖存水四尺六寸南陽湖存水三尺二寸
南旺湖存水五尺五寸二分獨山湖存水五尺

五寸馬場湖存水三尺九寸蜀山湖存水八尺四寸五分馬踏湖存水五尺二寸以上各湖存水均比八年十一月水大自一寸至二尺九寸二分不等查南路微山湖洩水之朱姬馬令三里各減閘圈坝前因捻匪北竄挖開放水入河俾河水充盈賊匪未敢飛渡幸賴囊沙引渠及

昭陽南陽等湖並運河之水滙注湖水並未見
消已嚴飭星夜修築堅寔其北路之南旺湖苡
生閘土壩亦因捻匪由魚臺縣北竄將該壩啓
除使湖水灌注牛頭河藉資防禦嗣因水勢充
滿加以兵勇防禦謹嚴捻逆回遁即將該壩趕
築完固均不使涓滴妄洩所有汶壩刻下急應

堵築業經催令小米幫船早日開行即行煞築

俾蜀山馬踏二湖收納全汶之水可冀仍符定誌臣

惟有督飭道廳妥慎經理不任稍有怠忽以仰

副

聖主重瀦衛民之至意所有上年十一月分各湖存

水尺寸謹繕清單恭摺具

奏伏乞
皇上聖鑒謹
奏
咸豐十年正月十七日具
奏於二月初三日奉到
硃批知道了欽此

一謹将咸豐九年十一月分各湖存水寔在尺寸
逐一開明恭呈
御覽
運河西岸自南而北四湖水深尺寸
一微山湖以誌樁水深一丈二尺為度先因湖
底淤墊三尺不敷濟運奏明収符定誌在一

丈四尺以內又因豐工漫水灌注量驗湖底
復受新淤二尺七寸奏奉
上諭加收一尺以誌樁存水一丈五尺為度上年十
月分存水一丈二尺四寸十一月內水無消
長仍存水一丈二尺四寸較八年十一月水
大二尺二寸

一昭陽湖上年十月分存水四尺八寸十一月
内消水二寸寔存水四尺六寸較八年十一
月水大一寸

一南陽湖上年十月分存水三尺四寸十一月
内消水二寸寔存水三尺二寸較八年十一
月水大九寸

一南旺湖上年十月分存水五尺五寸四分十
一月內消水二分寔存水五尺五寸二分較
八年十一月水大二尺九寸二分

運河東岸自南而北四湖水深尺寸

一獨山湖上年十月分存水五尺七寸十一月
內消水二寸寔存水五尺五寸較八年十一

月水大八寸

一馬場湖上年十月分存水三尺九寸十一月

内水無消長仍存水三尺九寸較八年十一

月水大二尺四寸

一蜀山湖定誌収水一丈一尺為度上年十月

分存水八尺四寸四分十一月内長水一分

寔存水八尺四寸五分較八年十一月水大
二尺一寸七分
一馬踏湖上年十月分存水五尺二寸十一月
內水無消長仍存水五尺二寸較八年十一
月水大六寸一分

河東河道總督臣黃　河南巡撫臣瑛　跪

奏為河南懷慶府知府一缺東河現有應補人員

請照例外補以勵人才恭摺會奏仰祈

聖鑒事竊照揀發東河學習京員二年期滿留工以

知府用者於道光十七年經前任河臣會同河

南山東兩撫臣奏准部議以豫省之懷慶府與

東省之東昌府濱河選缺專歸河工作為候補
知府應補之缺遇有缺出令河督會同巡撫於
留工候補知府內酌量補用等因奉
旨依議欽此又查道光二十一年十一月內奉
上諭山東濟南府知府員缺緊要著該撫於通省知府
內揀員調補所遺員缺著區拔熙補授欽此當經前

山東撫臣托渾布會同前河臣朱襄奏請以東
昌府知府祝慶穀調補濟南府知府所遺東昌
府一缺因東河有京員留工候補知府徐經一
員應補查案附摺陳明
奏准以徐經補授其區拔熙一員係奉
特旨揀放人員到東後遇有知府缺出無論繁簡即補

又於咸豐七年八月內奉
上
諭山東兗沂曹濟道員缺著王觀澄補授欽此所
遺東昌府知府即奉部選戶部郎中張鵬達當
查東河有候補知府蔣兆鯤胡嘉楷二員不及
扣留復經前河臣李鈞會同河南撫臣英桂山
東撫臣崇恩奏奉部議應如該河督等所請嗣

後東昌懷慶二府無論
簡放升調事故出缺均准其照例咨部留缺以該員
等酌量補用俟補竣後再行歸部銓選等因各
在案茲查河南懷慶府知府高應元部選四川
永甯道所遺之缺應補留工人員查東河現有
候補知府蔣兆鯤胡嘉楷二員除蔣兆鯤丁憂

尚未起復外其胡嘉楷一員例應請補臣等於
接准懷慶府出缺之文正擬咨部留缺旋於邸
報中見選单懷慶府一缺業經部選張景蕃伏
查每月部選推升人員出缺外省無從得知迨
接到部文再行咨請留缺已在部臣截缺之後
仍不准其扣留若專恃東昌懷慶二府在外升

調事故所出之缺則前項出缺甚難是東河候
補知府竟無補缺之期復念胡嘉楷辦事穩練
有為有守自留工以來防汎防河始終勤勉得
力平日於吏治亦認真講求前此東昌府兩次
出缺均歸部選人員此次懷慶府一缺若不再
將該員請補則三次專河缺出該員俱屬向隅

何能及時自効臣等為人才起見謹合詞專摺

奏請可否仰懇

天恩俯准援照道光二十一年成案仍照例以東河

候補知府胡嘉楷補授河南懷慶府知府其部

選之張景蕃一員或歸部另選或俟到省後遇有

豫省知府缺出酌量補用恭候

欽定爲此恭摺會
奏伏乞
皇上聖鑒訓示謹
奏
咸豐十年正月十七日會
奏於二月初三日奉到
硃批吏部議奏欽此

奏為查明咸豐九年分豫東黄運兩河各廳辦過
另案土埽磚石各工段落銀數遵照舊章分繕
清單彙案恭摺具
奏仰祈
聖鑒事竊照道光十五年九月内接准部咨奏奉

上諭嗣後每年彙奏清单務遵奏定限期無論奏咨各案
彙為一冊其比較上三年之數原從清单而出毋庸
分為兩事致滋歧異等因欽此所有咸豐九年分豫
東黄運兩河各廳辦過另案工程均經臣隨時
具
奏在案謹查照從前舊章將土埽磚石各工段落

丈尺細數分為四條開列於後
一另案磚埽工豫省南岸開歸道屬上南中河
下南三廳共十二案除防風埽工照例節省
八束銀兩外共用銀四十四萬八千六百八
十二兩七錢一分八厘北岸河北道屬黃沁
衛粮祥河下北四廳共九案共用銀三十一

萬六千四百三十九兩四錢九分五厘統計
咸豐九年豫省黃河上游七廳另案磚埽工
共用銀七十六萬五千一百二十二兩二錢
一分三厘比較咸豐八年分計多銀一萬六
千七百八十六兩六錢三分五厘比較咸豐
七年分計多銀二萬五千六百七十兩七錢

三分一厘比較咸豐六年分計多銀五萬五
千四百五十兩一錢二分三厘並將例價時
價逐案於单內比較再查上南河廳鄭州上
汎頭堡邵家寨頭埧原奏內寫作鄭州上汎
部家寨頭埧少寫頭堡二字現於单內添正
合併聲明

一另案增培土工豫省南岸開歸道屬上南中
河下南三廳共工五段共用例津二價銀四
千二百九十七兩五錢八分九厘比較咸豐
八年分豫省黃河南岸上南中河二廳統用
銀數計少銀五千六百二十七兩三厘比較
咸豐七年分豫省黃河五廳統用銀數計少

銀七千一百五兩一錢四分九厘比較咸豐六年分豫省黃河九廳統用銀數計少銀五萬八千五十四兩八錢一分九厘

一另案拋護碎石各工豫省南岸開歸道屬上南中河下南三廳共三案共用石方銀三萬八千六百八十兩九錢七分六厘北岸河北

道屬黃沁衛糧祥河下北四廳共四案共用
石方銀三萬八千八百六十二兩八錢二分
三厘統計咸豐九年豫省黃河上游七廳拋
護碎石工程共用銀七萬七千五百四十三
兩七錢九分九厘比較咸豐八年分計少銀
六千九百二十五兩一錢五分六厘比較咸

豐七年分計多銀六千六百六兩五錢八分
比較咸豐六年分計多銀七千二十七兩六
錢八分三厘

一另案運河各工東省運河道屬運河泇河捕
河上河下河五廳共奏辦十一案共用銀八
萬九千七百八兩九錢七分七厘比較咸豐

八年分計少銀六百六十三兩二錢一分比
較咸豐七年分計多銀五百五十七兩六錢
一分五厘比較咸豐六年分計多銀一百三
十八兩五錢八分七厘
以上各工辦理情形俱詳原奏除兗沂道屬未
辦另案工程外兹據開歸河北運河三道各將

動用料土磚石銀數做過工段丈尺先後分案
造送印冊前來臣復加確核無浮理合分繕清
單彙案恭摺具
奏伏乞
皇上聖鑒勅部存核施行謹
奏

清單

咸豐十年正月二十七日具

奏於二月十四日奉到

硃批該部知道單四件併發欽此

再運河每年咨辦工程所用銀數雖列入比較
向不奏送清単咸豐七年三月内接准部咨以
運河咨案每年動用銀兩比較単内僅有總數
無憑稽核行令於具奏清単特將咨案工程件
數另単分晰附奏並於估銷時將年分聲叙以
昭慎重而歸核實等因當經轉飭遵辦在案茲

查咸豐九年分運河泇河捕河上河下河五廳
咨辦工程共用銀一萬三千七百二十二兩七
錢五分四厘據運河道敬和將各廳辦過工程
細數逐件彙造印冊詳送前來臣覆加確核無
浮理合另列一單附片具
奏伏乞

聖鑒勅部一併存核施行謹
奏
咸豐十年正月二十七日附
奏於二月十四日奉到
硃批該部知道單併發欽此

奏為彙核咸豐九年分豫東黃運兩河各道屬奏
咨另案用銀總數比較上三年銀數循例繕具
清单恭摺
奏祈
聖鑒事竊照嘉慶二十一年准工部咨開凡河道另

案工程無論題咨各案於三汛後将一年統用
銀数彚奏一次並将上三年另案所用銀数多
寡分晰比較以備查核等因奏奉
諭旨依議欽此嗣於道光八年十二月内准部咨奏奉
上諭嗣後彚奏单内除歲搶修定額外凡一年另案工
程俱入单内比較等因欽此歴年欽遵辦理旋於十

五年九月内復准部咨奏奉
上諭嗣後彙奏清单務遵奏定限期無論奏咨各案彙
為一冊其比較上三年之数原從清单而出毋庸分
為兩事致滋歧異等因欽此十七年二月内又准工
部咨奏奉
上諭嗣後無論動用何款着一律歸入比較各等因欽

此所有咸豐九年分黃運兩河另案奏辦各工
清単業經另摺彙案具
奏並将上三年所用銀数随案聲明比較臣復查
黃運兩河除歲搶修不入比較外九年分豫省
黃河上游各廳奏辦另案土埽磚石各工共計
銀八十四萬六千九百六十三兩六錢一厘比

較咸豐八年分多用銀四千二百三十餘兩比
較七年分多用銀二萬五千一百七十餘兩比
較六年分多用銀四千四百二十餘兩運河奏
辦各工共計銀八萬九千七百八兩九錢七分
七厘比較咸豐八年分少用銀六百六十餘兩
比較六七兩年多用銀一百三十餘兩及五百

五十餘兩其咨案各工共用銀一萬三千七百二十二兩七錢五分四厘比較七八兩年少銀十二兩零及九兩零比較六年分多銀十二兩零據豫省開歸道徐繼鏞河北道張維翰東省運河道敬和造送各案銀数比較清册前来臣逐加覆核無異謹將用銀總数分别比較彙繕

清单恭楷具
奏伏乞
皇上聖鑒勅部存核施行謹
奏
咸豐十年正月二十七日具
奏於二月十四日奉到
硃批該部察核具奏片单併發欽此

謹将咸豐九年分河南山東二省黄運兩河開
歸河北運河各道属奏咨另案用銀総数並比
較上三年銀数分晰開繕清单恭呈
御覧
開歸道属
咸豐九年分奏辦另案磚石土埽各工共十

八案共用銀四十九萬一千六百六十
一兩二錢八分三厘
比較咸豐八年分另案磚石土埽各工共
用銀四十八萬二千九百六十兩六錢
七分九厘
咸豐九年計多銀八千七百兩六錢四厘

比較咸豐七年分另案磚石土埽各工共
用銀四十五萬五千七十四兩八錢一
分六厘
咸豐九年計多銀三萬六千五百八十六
兩四錢六分七厘
比較咸豐六年分另案土埽碎石各工共

用銀四十七萬七千一百一十八兩八
錢八分七厘
咸豐九年計多銀一萬四千五百四十二
兩三錢九分六厘
河北道屬
咸豐九年分奏辦另案埽磚石各工共十三

案共用銀三十五萬五千三百二兩三
錢一分八厘
比較咸豐八年分另案埽磚石各工共用銀
三十五萬九千七百六十八兩四錢四
分六厘
咸豐九年計少銀四千四百六十六兩一

錢二分八厘

比較咸豐七年分另案土埽磚石各工共
用銀三十六萬六千七百一十六兩六
錢二分三厘

咸豐九年計少銀一萬一千四百一十四
兩三錢五厘

比較咸豐六年分另案土埽磚石各工共
用銀三十六萬五千四百二十一兩七
錢二分七厘
咸豐九年計少銀一萬一百一十九兩四
錢九厘
開歸河北二道屬

咸豐九年分奏辦另案磚石土埽各工共用
銀八十四萬六千九百六十三兩六錢
一厘
比較咸豐八年分另案磚石土埽各工共
用銀八十四萬二千七百二十九兩一
錢二分五厘

咸豐九年計多銀四千二百三十四兩四
錢七分六厘
比較咸豐七年分另案磚石土埽各工共
用銀八十二萬一千七百九十一兩四
錢三分九厘
咸豐九年計多銀二萬五千一百七十二

兩一錢六分二厘

比較咸豐六年分另案磚石土埽各工共

用銀八十四萬二千五百四十兩六錢

一分四厘

咸豐九年計多銀四千四百二十二兩九

錢八分七厘

運河道屬

咸豐九年分奏辦另案各工共十二案共用

銀八萬九千七百八兩九錢七分七厘

比較咸豐八年分奏案工程共用銀九萬

三百七十二兩一錢八分七厘

咸豐九年計少銀六百六十三兩二錢一

分

比較咸豐七年分奏案工程共用銀八萬
九千一百五十一兩三錢六分二厘
咸豐九年計多銀五百五十七兩六錢一
分五厘

比較咸豐六年分奏案工程共用銀八萬

九千五百七十兩三錢九分

咸豐九年計多銀一百三十八兩五錢八分七厘

咸豐九年分咨辦各工共二十八案共用銀一萬三千七百二十二兩七錢五分四厘

比較咸豐八年分咨案共用銀一萬三千
七百三十一兩九錢八分一厘
咸豐九年計少銀九兩二錢二分七厘
比較咸豐七年分咨案共用銀一萬三千
七百三十四兩九錢八分六厘
咸豐九年計少銀十二兩二錢三分二厘

比較咸豐六年分咨案共用銀一萬三千
七百一十兩三錢七分六厘
咸豐九年計多銀十二兩三錢七分八厘

再查黃河修防關係至重每歲向視工程之險
平統計用數之多寡並無一定蓋水平工緩之
時自應可省即省而當伏秋水長溜勢湍激磚
石埽壩岌岌可危之際必須晝夜搶辦力保無
虞以全大局臣於上年夏間到任後詳勘上游
有河各廳險工林立修守不易而深知

國家經費支絀每遇廂拋埽壩均與各道廳悉心
詳求核實辦理以冀漸有撙節詎料中河廳於
秋汛期內無工之處大溜側注兩出奇險危在
呼吸（搶辦）權其輕重何敢稍涉拘泥致滋貽悞一切
情形已隨時
奏明在案雖該工廂埽日久用項較鉅臣於工竣

後仍再三切實駁減是以統計總數核較上三
年稍多若無中河之奇險則尚有減少並無絲
毫浮冒嗣後修辦工程臣益當處處親查嚴督
各道廳分別緩急力求節減斷不任稍有虛糜
以重錢粮理合附片陳明謹
奏

咸豐十年正月二十七日附

奏於二月十四日奉到

硃批覽欽此

奏咨確核豫省黃河南北兩岸上游各廳咸豐九
年另案搶辦磚埽工程動撥司庫銀款總數循
例恭摺具
奏仰祈
聖鑒事竊照豫省黃河兩岸每當伏秋大汛遇有搶

辦工程向於司庫動撥銀款應用前於嘉慶十
年及二十一年節經各河臣撫臣議請每年先
於地丁項下提出銀三十萬兩以備險工之需
俟將次用完體察情形預為籌計應需添撥若
干會核具
奏一面行司提取備用各等因先後奏奉

諭旨允准飭遵其道庫所墊不敷銀兩係霜後奏撥還
欵歷經遵辦在案查咸豐九年伏秋汛内黃河
来源長水勤旺上游兩岸各廳險工疊出並秋
汛期内中河廳兩出奇險岌岌可危臣督飭各
道廳及調集熟諳工程員弁添購料物分投晝
夜搶廂抛護力保無虞各工修防平穩一切情

形均經　臣隨時
奏明至須(需)用錢粮雖有例撥銀三十萬兩並循酌
減銀數奏蒙
勅部議准添撥秋汛防險銀十萬兩祇因司庫支絀
不能按時全撥先後飭令道廳多方挪借湊墊
得以應手無誤其借墊之項統由司庫核計撥

還所有南北兩岸各廳另案搶辦磚埽各工均經
臣逐加覆核切實駁刪減准應銷銀數彙案另
摺奏送清单計豫省上游七廳共用銀七十六
萬五千一百二十二兩二錢一分三厘內除動
用咸豐七年存工磚值銀一千七百八十兩一
錢二分五厘八年存工稭值銀一萬二千三百

二十兩存工磚值銀二千二十三兩七錢七分
八厘計撥用司庫添辦防稭酌辦磚稭銀三萬
七千七百八十六兩歲麻加價銀二萬七千三
百六十兩又例撥添撥防險銀除發辦備防碎
石銀三萬二千兩另歸石工案內造報外實歸
磚埽工用銀三十六萬八千兩共撥過司庫銀

四十三萬三千一百四十六兩現除南北兩岸
下游各廳用存稭料值銀一萬二千六百七十
兩用存磚塊值銀六百八十六兩二錢三厘有
料磚存工外應找撥不敷銀三十二萬九千二
百八兩五錢一分三厘以符奏案而清欠款謹
循例會同河南撫臣瑛　恭摺具

奏伏乞

皇上聖鑒再查另案不敷銀兩向於核奏清单後由

司撥還道庫湊辦次年歲儲及節次搶辦要工

之需上數年因司庫未能按時撥還賴有捐輸

以項劃抵藉資周轉支墊現在道庫空虛捐輸

又需七銀三鈔雖設法招徠竟無人遞呈上兌

應請循案仍於司庫找撥俾可由道湊發上游
各廳赶辦庚申年歲稭並備伏秋大汛搶辦險
工之用以免貽悞而重修防理合陳明謹
奏
咸豐十年正月二十七日具
奏於二月十四日奉到
硃批戶部議奏欽此

再案准户部咨行令嗣後奏报動撥司庫銀款
摺内應將動用歴年舊存磚方銀数詳細聲明
以憑核對等因查
奏報咸豐八年動撥司庫銀款総数摺内陳明用
存磚塊值銀二千二十三兩七錢七分八厘内
開歸道屬用存磚塊值銀一百一十二兩一錢

一分五厘河北道屬用存磚塊值銀一千九百
一十一兩六錢六分三厘九年俱動用無存又
附片
奏明豫省河北道屬用存咸豐七年磚塊值銀一
千七百八十兩一錢二分五厘九年動用無存
其用存道光二十年磚塊值銀五千六百二十

三兩八錢六分七厘仍存工未用開歸道屬七
年並無存磚以上用存磚值銀数均與上届原
報数目相符理合附片具
奏伏乞
聖鑒勅部存核施行謹
奏

咸豐十年正月二十七日附

奏於二月十四日奉到

硃批該部知道欽此

奏〻同循例請添庚申年上游各廳防料磚石俾裕
工需而資修守並查明用存稭梁扣抵核銀劃
還司庫以歸撙節恭摺具
奏仰祈
聖鑒事竊照黃河兩岸豫省各廳向於額辦歲料外

添辦備防秸二千垛東省曹河曹單二廳添辦備防秸五百垛均於霜前請銀發辦自道光十一年為始應將各廳用存秸垛查明抵作防料扣銀劃還司庫改為霜後具奏並經前河臣吳邦慶於道光十二年酌改章程將此項銀兩四成辦秸六成辦石嗣因各廳情形不同或請全

數辦磚或酌分改辦磚石歷經
奏、
作〻在案伏查黃河修守以稭料為根本而磚石
二項同為要需蓋臨黃大堤廂護埽工專恃稭
麻其河勢側注新工將生之處恐添廂埽段滋
費尤賴磚石拋築垻桊用資挑禦祇因經費支
絀河工料物必須隨時通融贍辦以期漸有節

省是以向於例添防料項下分成採購磚石廒
各工均有儲備現在下游各廳工雖停修而豫
省上游有河七廳險工林立防料磚石仍應循
例添辦俾裕工需而免貽悮臣先經督飭各道
詳勘兩岸工程之繁簡擬儲磚石之多寡並查
明用存稭梁核銀劃還司庫以歸撙節茲據開

歸道徐繼鏞詳稱南岸七廳向係分辦備防稭
一千二百垛除下游四廳舊賸稭一百二十三
垛上游三廳上年用賸稭七十六垛共一百九
十九垛值銀一萬三千九百三十兩扣抵減辦
並下游四廳河流未復再減辦稭五百垛值銀
三萬五千兩外寔請二成辦稭一百垛二分該

例帮價銀七千一十四兩二成改稭辦磚銀七千一十四兩六成改稭辦石銀二萬一千四十二兩河北道張維翰詳稱北岸五廳向係分辦備防稭八百垛除上游四廳上年用賸稭一百五垛值銀七千三百五十兩扣抵減辦並曹考一廳工程停修再減辦稭一百三十五垛值銀

九千四百五十兩外寔請四成辦稭二百二十
四渠該例帮價銀一萬五千六百八十兩二成
改稭辦磚銀七千八百四十兩四成改稭辦石
銀一萬五千六百八十兩臣覆加確核俱屬應
行添辦業將上年用賸之渠扣抵並停修各廳
之稭減辦未能再減仰懇

天恩俯念上游兩岸河防爲保衛民生且黃河現雖
繞東境行走仍可攔阻賊氛北竄關係至重照
数准添以資修守恭候
命下臣即移咨撫臣並行藩司迅速籌款撥交開歸
河北二道轉發各廳俟歲搶辦竣接手分別赶
購防料磚塊於本工收買其應辦碎石由廳自

雇船隻編列字號派弁赴山採運統限伏汛前
一律堆齊由道先行驗收報候臣 按工覆驗倘
有藉詞遲延辦不足數以及堆垜虛鬆立即指
名嚴叅着賠决不姑容所有請添上游各廳防
料磚石並查明用存稭垜扣抵核銀劃還司庫
以歸撙節緣由謹會同河南撫臣瑛 恭摺具

奏伏乞
皇上聖鑒訓示謹
奏
咸豐十年二月二十九日具
硃批於三月十六日奉到
硃批該部速議具奏欽此

再黄河修守攸關
國計民生必須堤埧鞏固廂埽拋石有所凴依
用資保衛是以從前每歲擇要估修土工最為
急務歷係專案
奏撥司庫銀兩辦理其數自十餘萬兩至二十餘
萬兩不等近數年因司庫支絀歷經前河臣附

片奏明将黃河土工暫緩專案估修於大汛期
内察看河勢工程情形何處緊要即於何處幫
築由道籌墊方價隨時搶辦至白露後驗明各
廳做過工段丈尺将銀土細数分晰具
奏撥發司庫銀兩還款在案臣於上年夏間到任
後巡防伏秋大汛往來詳勘并於冬間赴濟閱

伍往還順勘乾河各廳兩岸堤埝埧戧因多年
未修殘缺卑矮之處實已不堪枚舉除蘭陽汛
迤下俟河流挽歸故道時再議增培外其上游有
河七廳應修土工之處甚多按實在情形擇要
撙節估計至省亦須銀十餘萬兩現當司庫廹
於軍餉籌款維艱即專摺奏蒙

恩准飭辦亦恐難以另撥銀兩修築地方河工相為
表裡必須彼此通盤籌畫臣與各道廳一再熟
商仍請暫行緩估其實形險要必不可緩之工
段隨時搶築所需土方價值或由道設法墊辦
或咨司籌撥應用照案俟白露後驗明各工做
過丈尺再将銀土細数分晰具

奏以期核實撙節理合附片陳明伏乞

聖鑒謹

奏

咸豐十年二月二十九日附

是於三月十六日奉到

硃批仍照歷年成案由道墊辦所請咨司籌撥之處

着不准行該部知道欽此

奏為東省微山湖口大埧屢被民人聚衆禦賊挖開現

擬另立章程將雙閘下板攔蓄以節湖瀦而備

防禦賊恭摺具

奏仰祈

聖鑒事竊照東省運河南路微山一湖為蓄水最要

之區從前南糧河運賴以宣濟八閘及江境邳
宿運河以利漕行近年則瀦蓄湖水藉以禦賊、蓋該
湖水面寬廣皖省捻匪如由江南豐碭等處竄、
入山東嶧滕境內必須繞湖邊行走若湖水放
乾、轉便賊蹤設[當該]遇捻蜂擁而至安有如許[多]兵勇、
為之抵禦其八閘之水先經運河道敬和籌議日撤

前因朱姬馬令三里各等閘被民人拆去閘填以遏賊流且以洩

此處被民人拆去一層似覺無根不知是否再酌之

一湖口大垻易啟難、堵勢若建牐一經長放立見涸乾應行嚴守曾經運河道與和籌議請將上游通湖之朱姬馬令三里各单閘被民人拆去圍垻者暫緩補築、加下嚴板隨時啟閉一有警報即啟各单閘之板宣水下注嶧汎運河儘可灌注攔禦而单閘既在上游地勢又非建牐湖瀦可期撙節且賊、退即

閉板攔蓄人力易施無須多費錢粮極爲周妥
乃上年十二月內該處閘皖捻出巢北竄先有
滕嶧二縣各莊民聚衆二三千人屢將各单閘
圈埧拆啟幷將湖口大埧挖開四丈餘尺放水
入運拍岸盈隄幸有昭陽南陽二湖之水遞達
不致虛耗當因該埧係民人盜挖非汎漲衝刷

残塌者可比未便責令河員修築經運河道節
次嚴札嶧縣賠修并經泇河同知朱懋瀾親督
該縣儹辦 臣復札飭滕縣知縣林士琦嶧縣知
縣鄒崇孟查拏拆垻為首之人重懲以儆將來並
令剴切出示曉諭嚴禁去後旋據稟報於十二
月二十六日修築完竣正擬行道委員查驗復據

道廳汎稟報於正月十九日嶧縣各庄民聞捻
匪有出巢之信又聚数千人扒挖微湖大埧文
武汎上前勸阻不由分説開鎗迎擊河兵無多
何能彈壓数千強悍之民即駐劄該處之官兵
亦攔止不住立時拆啟六丈餘尺過水甚急漸
刷漸寬將湖口兩閘之板全行撤斷請嚴辦等

情前來臣思民人强挖湖口堤、若果因賊至放一時情急
水入運攔禦其情尚有可原、如不察虛實擅挖
官則不法已極自應懲、辦正在行查間接准副
都統德楞額來咨以此、次賊至韓莊八閘一帶
意欲渡河北竄該處閭閻驚惶民人挖堤放水入運亦因閭
閻驚惶尚資攔截現在賊、已擊退南奔請下板

築垻以蓄湖瀦等語復查、補築湖口大垻理應
地方官賠修但捻涯難〔雖迟、〕保其不復至韓莊當賊
至之時亦〔情迫無奈〕不能禁莊民之不啟湖垻〔而〕屡築屡挖
豈獨虛、糜經費且亦不成事體 臣 因思伏秋汛
內微山、湖收水不能不禁築湖口垻抬蓄若冬
春水小源、微之候將隻閘加下全板嚴閉湖水

不致過於淺枯飭據運河道議稟現擬另立章
程飭令嶧縣協濟板塊將湖口湲閘加足滿板
嚴守平時不准妄啟一板若(如)遇賊至則啟板放
水入運(以資)堵禦賊退即加板攔蓄(以重湖瀦)其嶧汎八閘之
水擬將上游三里單閘隨時宣放源源下注并
將侯遷萬年二閘下板擎托亦不致斷流至朱

婭馬令二單閘洩水過暢圈埧既緩補築、應責
成滕縣速備板塊嚴閉似此節宣有制既順與
情以備禦賊而湖潴亦可免大耗并據嶧縣知
縣鄒、崇孟具稟稱韓莊至台莊計程八十餘里為
東省門戶當賊匪驟至雖馬隊官兵練勇節節
堵禦嚴密若非運河水旺業早經竄過北岸現已

遵照指、備楊木板塊麻繩竿桿一併送匪遠颺
當即迅將、湖口閘下板堵蓄等情尚屬急公似此節宣有制既順輿情以備禦寇賊而湖瀦亦免耗再臣仍
嚴飭運、河道及廳縣汛閘寔力辦理如有不法
之民敢行強啟閘板即嚴拏為首之人按律
懲辦倘地方官不遵章程推諉因循當會同撫臣文
煜、指名嚴參以肅功令為此恭摺具

奏伏乞

皇上聖鑒謹

奏

咸豐十年二月二十九具

奏於三月十六日奉到

硃批知道了欽此

再接准吏部咨以臣上冬遵保防汛防河出力
人員摺內請將即選道懷慶府知府高應元留
於東河遇有道員缺出請
旨補用已蒙
恩准惟該員先於十月分擬選四川永甯道員缺由
部將所保留於東河遇有道員缺出請

旨補用奉
旨允准之案奏明請
旨撤銷其防河出力之處令臣另核請奬等因奉
旨依議欽此伏查新選四川永甯道高應元前在河
南懷慶府知府任內辦事寔心協防黄沁兩河
工程已歴多汛勤勞較著且熟習河防既未能

留於東河以道員補用似亦未便沒其微勞茲
臣遵照部文復加確核該員本係遇缺即選道
可否仰懇
天恩准將新選四川永甯道前任河南懷慶府知府
高應元
賞加鹽運使銜以示獎勵之處合再附片奏請伏候

訓示祇遵謹
奏
咸豐十年二月二十九日附
奏於三月十六日奉到
硃批另有旨欽此

咸豐十年三月二十八日准

吏部咨內閣抄出奉

上諭一道咸豐十年三月初九日奉

上諭黃　奏防河出力人員由部選升另行請獎

等語前任河南懷慶府知府高應元協防河工已

歷多汛著有微勞前經該河督奏請留於東河以

道員補用降旨允准旋因該員已選四川永寧道
吏部奏請將保升道員之案撤銷茲據該河督另
核請獎高應元著賞加鹽運使銜以示鼓勵欽此

奏為查明咸豐九年十二月分各湖存水尺寸謹

繕清单仰祈

聖鑒事竊照嘉慶十九年六月内欽奉

上諭湖水所收尺寸每月查開清单具奏一次等因欽

此所有上年十一月分湖水尺寸業經臣繕单

奏報在案茲據運河道敬和將十二月分各湖存
水尺寸開摺具禀前來臣查微山湖定誌收水
在一丈四尺以內因豐工漫水灌注量驗湖底
積受新淤恐不敷濟運經前河臣李　會同前
撫臣崇　奏奉
上諭加收一尺以誌樁存水一丈五尺爲度九年十

一月分存水一丈二尺四寸十二月內消水一
寸實存水一丈二尺三寸較八年十二月水大
二尺七寸此外除馬場一湖長水一寸南旺蜀
山馬踏三湖水無消長外其昭陽南陽獨山三
湖消水各三寸計昭陽湖存水四尺三寸南陽
湖存水二尺九寸南旺湖存水五尺五寸二分

獨山湖存水五尺二寸馬場湖存水四尺蜀山湖存水八尺四寸五分馬踏湖存水五尺二寸以上各湖存水除昭陽一湖比八年十二月水小二寸外餘俱較大自五寸至三尺一寸六分分不等查皖省捻匪時思由東境北竄曹單金魚濟甯以及滕嶧等處均為要道屢經該逆分

股竄擾邊防倍關緊要官兵往来堵剿動須数十里及百餘里深憲或有踈虞幸賴萬福牛頭等河並運河之水攔截以助兵力之不足而兵勇團練亦有險可守惟各河之水又藉湖瀦接濟若有放無收一經乾涸所關非細必須節宣有制庶惜水正所以禦賊除微山湖口大壩暫

緩補築嚴閉雙閘相機啟放並上游各 单閘或
應啟或應閉已於另摺分晰
奏明外其牛頭河之水則賴南旺湖由芒生閘宣
注該閘多年未修不能啟閉若將所築土壩屡
啟屡築不免虛糜經費據運河道議請將芒生
雙閘赶緊拆修堅固嚴板攔蓄賊來則啟板放

水注入牛頭河攔禦賊退仍下板嚴密以節湖
瀦籌辦尚為合宜所需修閘之費飭令歸入本
年運河奏案工程額數内辦理不准另請錢粮
現已春融凍解地氣上升且瀕河一帶二月初
旬雨雪續沛來源漸旺 臣 當督飭道廳廣籌收蓄
務期各湖存水充盈不任稍有貽悞以仰副

聖主慎重湖瀦保衛民生之至意所有九年十二月
分各湖存水尺寸謹繕清单恭摺具
奏伏乞
皇上聖鑒謹
奏
咸豐十年二月二十九日具

奏於三月十六日奉到

硃批知道了欽此

謹將咸豐九年十二月分各湖存水實在尺寸
逐一開明恭呈
御覽
運河西岸自南而北四湖水深尺寸
一微山湖以誌樁水深一丈二尺為度先因湖
底淤墊三尺不敷濟運奏明収符定誌在一

丈四尺以內又因豐工漫水灌注量驗湖底
復受新淤二尺七寸奏奉
上諭加收一尺以誌樁存水一丈五尺為度九年十
一月分存水一丈二尺四寸十二月內消水
一寸實存水一丈二尺三寸較八年十二月
水大二尺七寸

一昭陽湖九年十一月分存水四尺六寸十二月內消水三寸實存水四尺三寸較八年十二月水小二寸

一南陽湖九年十一月分存水三尺二寸十二月內消水三寸實存水二尺九寸較八年十二月水大六寸

一南旺湖九年十一月分存水五尺五寸二分十二月内水無消長仍存水五尺五寸二分較八年十二月水大三尺一寸六分

運河東岸自南而北四湖水深尺寸

一獨山湖九年十一月分存水五尺五寸十二月内消水三寸實存水五尺二寸較八年十

二月水大五寸

一馬場湖九年十一月分存水三尺九寸十二
月内長水一寸實存水四尺較八年十二月
水大一尺九寸

一蜀山湖定誌收水一丈一尺為度九年十一
月分存水八尺四寸五分十二月内水無消長

仍存水八尺四寸五分較八年十二月水大
二尺三寸九分
一馬踏湖九年十一月分存水五尺二寸十二
月内水無消長仍存水五尺二寸較八年十
二月水大八寸一分

奏為恭報黃河桃汛安瀾仰祈
聖鑒事竊照黃河修守雖重伏秋而桃汛巡防亦關
緊要蓋溜勢趨向上提下移固無一定其舊險
新工必須於春間勘明情形審度緩急或應估
築土埧挑禦或須分儲料物磚石庶大汛期内

防守稍有把握況上冬今春瀕河一帶雪澤屢
霑西路得雪尤大本年汛漲必較旺于往年更
宜倍加慎重 臣 現在長駐豫省防河於清明後
桃汛届期即就近督飭護開歸道王憲河北道
張維翰及各廳營周歷履勘上游黃河形勢仍
與上年相同尚無提移之處兩岸險工雖各廳

皆有要以中河廳中牟下汛十二三堡為最險
緣該處土性純沙河身逼窄是以上秋曾兩出
奇險現既溜未外移籌計修防尤須預為布置
先經臣與前撫臣瑛棨及司道等熟商惟有飭
令該廳寬購料物堆儲廒有備可以無患并各
廳應購歲稭亦為修守根本採辦均係不容遲

緩無如司庫錢粮支絀欠撥應撥河工之款正
二三月内絲毫未發十月内所撥甚微道廳無
力措墊以致料麻尚未辦竣　臣復與新任撫臣
慶　及藩司賈臻面商軍需京餉固屬緊迫而黃
河上游工程攸關
國計民生且逆捻時思北竄豫省無險可守尤賴

黃河以資捍禦前月探知該匪出巢臣先即嚴
飭各渡口委員將南岸船隻押泊北岸賊馬果
於十四十五等日馳竄蘭儀尚店各渡口希圖
搶渡見該處並無船隻始向西南狂奔是黃河
天險足以保衛全局者良非淺鮮其購料修工
搶險等項經費必須兼顧並籌隨時撥發以免

貽悞現又一面行催藩司速為籌撥接濟一面
嚴飭各廳上緊收買一俟歲料歲麻堆齊即接
手購辦防料磚石并因防料分成改辦之石尚
不敷用仍循案於司庫例撥防險項下由道詳
請酌提銀兩按各廳工程之繁簡應儲磚石之
多寡派令一併赴山採運統限伏汛前全竣責

成開歸河北二道驗收後報由臣挨廳覆驗倘
有藉詞遲延以及数目短少即予嚴叅斷不敢
稍事姑容務期工儲充裕以重修防計自三月
十四日節交清明至閏三月初三日二十日桃
汛已過因積凌水下注較旺上游各廳先後報
長水一二尺餘寸不等其淘蟄卑矮埽段飭令

仍照舊章彙入春廂估修不准遽行報案現在
兩岸各工保護平穩溜勢循順行走安瀾誌慶
堪以仰慰
聖懷為此恭摺具
奏伏乞
皇上聖鑒謹

奏
咸豐十年閏三月初四日具
奏於閏三月十八日奉到
硃批覽奏均悉欽此

事竊

奏為查明咸豐十年正月分各湖存水尺寸謹繕
青単恭摺仰祈
聖鑒事竊照嘉慶十九年六月內欽奉
上諭湖水所收尺寸每月查開清単具奏一次等因欽
此所有上年十二月分湖水尺寸業經臣繕単

奏報在案茲據運河道敬和將本年正月分各湖存水
尺寸開摺具稟前來臣查微山湖定誌收水在
一丈四尺以內因豐工漫水灌注量驗湖底積
受新淤恐不敷濟運經前河臣李　會同前撫
臣崇　奏奉
上諭加收一尺以誌樁存水一丈五尺為度上年十

二月分存水一丈二尺三寸本年正月內消水五分寔存水一丈二尺二寸五分較九年正月水大二尺六寸五分此外除馬場一湖長水二寸南旺蜀山馬踏三湖水無消長外共昭陽南陽獨山三湖消水各二寸計昭陽湖存水四尺一寸南陽湖存水二尺七寸南旺湖存水五尺

五寸二分獨山湖存水五尺馬場湖存水四尺二寸蜀山湖存水八尺四寸五分馬踏湖存水五尺二寸以上各湖存水除昭陽一湖比上年正月水小四寸外餘俱較大自三寸至三尺四寸二分不等查運河兩岸各湖之水從前專備宣濟漕行近年則賴以攔禦賊踪必須隨時設

法收蓄撙節宣洩方免短絀本年春陰日久雨雪渥霑地脉滋潤一交夏令大雨時行不難收足其應修南旺湖出水注入牛頭河禦賊之芒生雙閘疊催趕辦剋日可以完竣并飭運河道將各閘舊板分別添換庶啟閉得力於收納湖瀦更為有益臣當督飭道廳相機妥慎經理不

任稍有怠忽以仰副
聖主重瀦衛民之至意所有正月分各湖存水尺寸
謹繕清單恭摺具
奏伏乞
皇上聖鑒謹
奏

咸豐十年閏三月初四日具

奏於閏三月十八日奉到

硃批知道了欽此

奏為咸豐九年豫東黃運兩河辦過另案工程動
用銀数先已確切核減俱係實工實用茲奉
諭旨森嚴不敢冒瀆謹由臣再為刪減飭令道廳攤
賠繳庫歸欵專摺具
奏仰祈

聖鑒事竊照接准工部咨查明東南兩河咸豐九年
另案工程動用銀數遵
旨彙奏事案內以南河所用銀數比較七年雖少比
八年六年均多用銀二萬數千餘兩豫省黃河
上游七廳雖有土埽磚石各工自應逐年遞少
今單開另案銀數比上三年未能撙節多用銀

四千數百餘兩及二萬五千餘兩至東河運河
奏辦各工雖比上年少銀六百餘兩比六七兩
年均屬增多當此經費支絀之時籌餉維艱請
旨飭下東南兩河督臣嚴飭道廳確切核計據實刪
減專摺覆奏以重度支而昭核實等因恭奉
硃批該河督等任意加增未見全施於工只為屬員

員之肥已而已兩河總督均著交吏部議處專摺
具奏欽此跪讀之下惶悚莫名伏念臣受
恩深重具有天良每思軍需浩繁庫欵萬分支絀處
處請餉上煩
宸廑為臣子者即不能悉力經營以裕財賦又何忍
任意浮冒以滋揮霍上年奉

命補授東河總督臣到任之始目擊現在時勢艱難
習聞從前河員奢侈即將各廳向来陋規裁撤
無餘原欲正本清源力求撙節以圖報稱是以
其時雖值大汛經臨修防緊要恒恐屬員積習
相沿仍有浮開虛報情弊臣不敢稍憚煩勞事
事親查悉心講求凡應辦之工可緩且緩應省

即省以期用數逐漸減少詎料秋汛期內中河
廳十二三堡因河身逼窄大溜側注塌埽潰堤
兩出奇險搶鑲拋護為日甚久其非尋常險工
可比固城鄉所共知而兵民所目覩者該處為
省城上游保障當岌岌可危之際臣晝夜焦思
通盤籌畫明知經費難籌而設有疎虞則豫省

西南完善各州縣復被水淹賦無所出餉從何
撥且多撫卹之資所費轉鉅彼時即將臣 與道
德治以應得之罪於事何益不但此也河水現
由蘭陽繞北旁趨東注大清河歸海逆捻即欲
北竄地勢有河可阻兵勇即有險可守若中河
一有事端則全河南趨北路乾涸該逆北犯路

路可通安得如許兵力處處設防此尤患之最
大者權其輕重實不敢稍事拘泥不得不隨時
赶添料物竭力搶辦保護無虞其九年分用數
較多職是之故至搶險購料價值係由開歸道
徑發料戶中河廳僅經手夫工錢文臣復明查
暗訪核實稽察未能浮冒迨稟報動用總數時

又切實駁減是以比較八年分祇多用銀四千
餘兩若無中河兩次奇險九年用項比往年自
屬大可節省一切情形臣於霜降安瀾摺內及
比較摺內均經附片陳明在案至東省運河道
里延長兩岸土石隄壩閘座工段繁多均關保
衛民生以額定奏案不出十萬兩之數撙要估

修一千一百二十餘里之工程剔緩之處業經不少況近年已減銀一萬兩奏辦不過九萬兩上下且係五銀五鈔如再減少顧此失彼又恐致貽他患緣運河多年未挑水勢擡高各湖又須蓄水禦賊若不將堤埝閘壩擇其要中之要修辦高鞏一經漫淹多一處被水則地方緩一

處錢漕司庫即少一分進項又何可不兼籌並
計未雨綢繆凡此情節均在
君父洞鑒之中亦臣子所不敢苟且因循有誤全局
者也臣到任一年簠簋自飭無所用其回護亦
不能任其欺蒙所有咸豐九年豫東黃運兩河
辦過另案工程動用銀數臣先已確切核減俱

係實工實用惟現奉
諭旨森嚴何敢再行冒瀆冀邀
恩施自取咎戾謹由臣再刪減黃河另案銀一萬兩
罰令道廳攤賠比較上年清單用銀總數業經
減少其運河用数本屬無多且比八年年分先已
較少應請毋庸再令罰賠至九年分黃河用數

較多由於中河廳兩次搶險所致現在再減銀
一萬兩擬令前任開歸道徐繼鏞分賠銀六千
兩前署中河通判高元莊分賠銀四千兩俾通
工知所儆戒遇有搶辦險工可期格外撙節其
所賠之銀勒令道廳照支款新章按三銀七鈔
於本年庚伏以前全數措齊解繳道庫由道詳

請專案報部存作大汛期內湊撥各廳搶險之
需以抵司庫撥款所有原奏清單工段丈尺及
比較銀數各件均請無須另行更造以省案牘
而免轇轕嗣後每歲修辦工程 臣 惟有嚴督道
廳處處核實稽查務期用數遞減斷不任稍有
虛糜以重度支爲此專摺具奏伏乞

皇上聖鑒謹

奏

咸豐十年四月初八日具

奏四月二十三日奉到

硃批戶部查議具奏片二件併發欽此

再接准户部咨核議 臣前奏確核豫省黄河兩
岸上游各廳九年另案搶辦磚埽工程動撥司
庫銀款總数一摺以應請找撥不敷銀兩数目
與另摺所奏比較上三年之数不符當此經費
支絀之際雖毫厘不准舛錯其因何不符之處
除由工部核銷外應令該河督查明具奏至不

數銀兩雖向由司庫找撥而近年東河工程全
藉捐輸劃抵雖一時上兑無人未必永遠裏足
應該河督設法招徠以濟工用若責令河南藩
司照數找撥誠恐藉口河防必致有誤京協各
餉仍請
旨飭令河東河道總督查明去年開歸河北二道收

捐若干現在續收若干照依鈔七銀三章程儘
數劃抵如尚不敷查有道光二十年用存磚塊
值銀五萬六千餘兩均令收歸此案工程項下
照數劃除並令嚴飭各道廳務須破除積習除
實在險工例應請撥外其餘一切循案工程概宜
酌量停緩以節經費等因奉

旨依議欽此咨行到臣遵查東河每歲奏報動撥司
庫銀款總数摺内所請找撥不敷銀兩係按磚
帚工程核計土工碎石向不在内其另案比較
上三年数目一摺無論動用何款均例應列入
比較連土石二項併計是以與找撥不敷数目
不符並無絲毫舛錯至東河收捐原以濟司撥

之不足無如自改七銀三鈔以來較之豫省捐
輸餉票以及京局捐輸多寡懸殊捐生孰肯舍
少就多以致臣雖與各道廳多方設法招徠竟無
遞呈上兌之人茲查開歸河北二道庫上年既
無收存捐項現在亦無收捐之款無可劃抵若
僅值銀五千六百餘兩
云道光二十年存磚並無值銀五萬六千餘兩

之多查係從前黃沁衛粮二廳屬原陽支河沿隄生險前河臣購辦備防嗣支河淤閉用剩存工曾議撥運他處而運費較購價轉多因此多年未用河勢趋向靡定衹可俟就近有工再行議撥此係有磚存工並非現銀可以劃除所有咸豐九年找撥不敷銀兩仍請照原奏全由司庫按三

銀七鈔陸續籌發俾可湊辦現購料物及大汛
搶險之需惟京協各餉同關緊要臣當就近與
撫臣慶　藩司賈臻熟商隨時兼籌並濟以期
兩無貽悞河防雖關至緊當此度支不易臣當自應
督飭各道廳詳察河勢工程除寔在險要者不
得不竭力搶辦以保無虞外其餘可緩之工得

省即省斷不任稍涉虛糜以重
帑項為此附片具奏伏乞
聖鑒飭部存核施行謹
奏
咸豐十年四月初八日具
奏於四月二十三日奉到
硃批覽欽此

再查河工修防經費從前係全用現銀廳員領款除搶辦工程之外餘銀肥己所不能免自搭用銀票改用寶鈔以來因鈔價日賤辦理即形竭蹶近年鈔價日益落鈔每串僅能易制錢數十文而採購料物民間價值不肯減少自非價足不能強之運料上隄且搶險之時用料較多料戶向

均居奇抬價〔其情形〕與從前情形無異是以按三銀七
鈔而計兩採之價尚不敷辦一採之料至廂埽
他〔亦難於其〕石全賴人夫齊集方能一氣呵成非足數口
食雖有枵腹赴〔從公〕公之功作其中折耗實多除尋常
修工錢粮仍飭道照新章七鈔三銀核發不准
藉詞絲毫多請外如遇水長工險安危繫於呼

吸之時何敢拘泥貽悞是以及搶辦險工時常有必不

國計民生攸關

可少之需要依例不准開銷之款俱不得不通融辦

理力保無虞要在認真稽查期無弊竇臣不敢

隱飾合再附片直陳

聖主之前伏乞

聖鑒訓垂鑒

明察謹

奏

咸豐十年四月初八日具

奏、於四月二十三日奉到

硃批覽欽此

奏為查明二月分各湖存水尺寸謹繕清单仰祈
聖鑒事竊照嘉慶十九年六月内欽奉
上諭湖水所收尺寸每月查開清单具奏一次等因欽
此所有正月分湖水尺寸業經臣繕单具
奏在案茲據運河道敬和將二月分各湖存水尺

寸開摺稟報前來臣查微山湖定誌收水在一
丈四尺以內因豐工漫水灌注量驗湖底積受
新淤恐不敷濟運經前河臣李　會同前撫臣
崇　奏奉
上諭加收一尺以誌樁存水一丈五尺為度本年正
月分存水一丈二尺二寸五分二月內消水一

寸五分寔存水一丈二尺一寸較上年二月水大二尺五寸此外昭陽南陽獨山三湖各消水二寸其南旺馬場蜀山馬踏四湖均水無消長計昭陽湖存水三尺九寸南陽湖存水二尺五寸南旺湖存水五尺五寸二分獨山湖存水四尺八寸馬場湖存水四尺二寸蜀山湖存水八

尺四寸五分馬踏湖存水五尺二寸以上各湖
存水除昭陽一湖比上年二月水小四寸外餘
俱較大自三寸至三尺二四寸分不等查南路微山
湖口大壩及朱姬各減閘圈壩屢被民人拆啓
放水禦賊雖前經籌議緩築大壩將各閘門加
下嚴板相機啓閉而該民人等每聞捻匪逼近

即稟請啓亮湖口北閘板塊宣水攔禦是以湖
水見消其北路蜀山等湖近因雨澤較少亦未
見長時已夏令惟異往後大雨疊沛來源暢旺
各湖水勢定可增益 臣仍當督飭道廳隨時設
法廣籌收蓄撙節宣放不任稍有虛耗以仰副
聖主重瀦衛民之至意所有二月分各湖存水尺寸

謹繕清單恭摺具

奏伏乞

皇上聖鑒謹

奏

咸豐十年四月初八日具

奏於四月二十三日奉到

硃批知道了欽此

再臣承准軍機大臣字寄咸豐十年閏三月初

五日奉

上諭沈兆霖奏請就黄河改道勸捐築隄録出前人

奏疏並將東省原寄圖說呈覽一摺據稱歷來河

流皆以北行為宜乾隆年間吏部尚書孫嘉淦請

開減河入大清河一疏言之最詳所謂入大清河

由利津入海即是現在黃河所改之道詢之東省官紳俱云張秋以東自魚山至利津海口皆築民埝惟蘭儀之北張秋之南則黃河自決口而出汎濫汪洋工程最鉅直隸之東明長垣山東之菏澤鄆城培築又較張秋為易張秋下游至海門不必施工惟缺口至張秋数百里間可令民間捐貲籌

辦各等語係為通籌大局起見著恒福黃　文
煜慶廉各就地方情形悉心酌議覈實勘估如果
事屬可行即勸諭各該處紳民力籌捐辦並遴派
熟諳河務之大員會同各該地方公正紳士妥為
區畫或應開引河或應築隄埝分別相度一面勸
諭捐輸將來民捐民辦均著紳董經理毋許假手

委員吏胥以歸撙節如果輸將踴躍即可於本年
霜降水落時奏明一律興工並著各該督撫將有
無窒碍情形先行審度具奏總期為民捍患節經
費而順輿情是為至要沈兆霖原摺及錄呈孫嘉
淦奏疏均著抄給閱看將此各諭令知之欽此臣
遵即細繹沈兆霖原摺與臣上秋密陳所奏情形相符

惟事關創建另築新隄必須順輿情而無窒碍
并應計及久遠方免流弊滋患且所費較鉅民
力能否捐辦尤須紳民樂輸斷不可稍有抑勒
除咨商直隸山東各督撫臣遴委道府大員確
勘地方形勢體察民情能否舉行臣一面會同
河南撫臣慶 札委候補道宗稷辰王榮第候

補同知陳繼業帶同明白工程之陽封協備劉
綦署運河營守備劉耀宗自蘭陽汎口門以下
直至張秋就黃流現行之處詳勘各州縣地勢
高窪應築新堤高寬丈尺核實撙節估計并知
會直東兩省委員協同勸諭各紳民能否集資
興辦均俟禀覆到日再行會商通盤籌畫詳晰

具
奏外合先附片覆陳伏乞
聖鑒謹
奏

再河工候補人員雖補缺遲速有一定班次理
應常住在工聽候差委量才器使藉資練習修
防庶得缺後料理汛務可期裕如即有事故亦
應隨特報明咨部於官冊内扣除其有由道差
遣出省以及請假措資者并須禀詳有案以備
查考如有擅自離工者應予核叅以重官方茲

復查出未在工次各員先經札行開歸道確查
去後旋據兼理河南開歸道開封府知府王憲
詳覆前來除病故之東河候補縣丞朱壽金謝
朝覲已咨明吏部候補主簿章晉汾於道光二
十五年由道委赴江南查勘水勢途次抱病身
故曾在本籍呈報又候補縣丞呂賢域候補從

九品楊秉熙候補未入流陳嵩瑞俱因患病現
尚醫治未痊即當咨部於官冊內開除又候補
從九品許錕前經軍需局委解安徽大營軍裝
即留營差委又候補州同申克家候補縣丞趙
啓貞莫士堦候補主簿朱壬候補從九品許星
聚趙曰霖馮源候補未入流周祥浚等八員據

道詳均已病故但未經各該家屬報明現在行
文各該員原籍俟查復到日再行核辦外惟候
補同知何煥綸候補從九品沈沂久未在工既
非由道派委差使又未別有事故俱屬擅行離
工相應
奏請將東河候補同知何煥綸候補從九品沈沂

均予革職以肅官方為此附片具陳伏乞

聖鑒謹

奏

咸豐十年四月初八日附

奏於四月二十三日奉到

硃批另有旨欽此

咸豐十年六月十三日准

吏部咨內閣抄出咸豐十年四月十五日奉

上諭黃　奏請將擅離工次之候補人員革職等

語東河候補同知何煥綸候補從九品沈沂既未

奉差又未奉差又未告假輒敢擅離工次日久不

歸殊屬玩誤何煥綸沈沂均著即行革職以肅官方

欽此

奏為恭謝
天恩仰祈
聖鑒事竊臣於四月十三日接准吏部咨以臣具奏
咸豐九年另案各工動用銀數一摺先經工部
議令據寔删減專摺覆奏恭奉

硃批該河督等任意加增未見全施於工只為屬員
之肥已而已兩河總督均著交吏部議處專摺具
奏欽此經吏部比照河工告竣保題不實降三級
調用例將 臣議以降三級調用係私罪毋庸查
加級議抵恭奉
硃批黃 著改為降四級留任不准抵銷欽此聞

命之下感悚莫名當即望

闕叩頭謝

恩伏念臣謬司水土夙昧修防上秋督搶中河廳奇

險祇求力保全局雖核實勾稽而統用銀数比

較八年分稍多以致上煩

聖心飭部議處部臣議以降調實屬咎所應得復蒙

逾格矜全降級留任仰沐
鴻慈之曲宥益增蟻悃之感銘除是年用数 臣先經
確切刪減俱係實工實用惟欽奉
諭旨森嚴何不敢再行冒瀆冀邀
恩施自取咎戾議令道廳罰賠銀一萬兩比較八年
分用数業經減少先已專摺具奏外嗣後修工

搶險動用錢粮臣惟有認真釐剔省益求省務
期獘除
帑節工固瀾安以冀仰報
高厚生成於萬一所有微臣愧悚感激下忱理合繕
摺叩謝
天恩伏乞

皇上聖鑒謹

奏

咸豐十年五月初三日具

奏於六月初八日奉到

硃批知道了欽此

奏為黃河歲料將次辦竣現飭接辦防料磚石並
節屆夏至預籌備防大汛事宜恭摺具陳仰祈
聖鑒事竊照黃河修守全賴未雨綢繆必須布置於
平時庶免周張於臨事是以歲防料物積土應
於年內購齊其例撥辦料銀兩向不足價值之

半歷以找撥不敷一項輪流墊發藉資周轉迨
年因司庫支絀非但找撥不敷銀兩未能全數
撥還道庫即例撥料價亦不能依時給發道庫既
無可墊之款各廳亦挪墊力竭因此料架不能
不遲至春夏之間辦竣所有庚申年上游有河
七廳額辦歲搶麻觔疊經臣興開歸河北二道

飛札嚴催緣司庫自春徂夏撥款甚微錢糧未
能應手在有力者東借西挪設法採購已報堆
齊其無力之廳員既乏點金之術又無挪措之
處以致尚有不足 臣現仍勒限嚴催一面行司
赶緊籌款撥發接濟并飭各廳將防料磚石接
手赶辦務於大汛以前全完報候 臣親臨覈驗

倘有短少遲延立予撤叅斷不敢姑容以重工
儲至土工為修守根本現因多年未修兩岸堤
埧殘缺卑矮處所不堪枚舉祇因度支不易昌
敢援照從前之案估計請銀修築而寔在緊要
之工如中河廳中牟下汛十二三堡補還大堤
加幫南戧係必不可緩不能不辦業經樽節減

估專委熟諳工程之儀睢通判高元莊會同該廳
營督汎薄坯重硪潑水堅築以期經久此外堡
房器具應須預辦黑夜巡查灘水之油燭錢文
仍照舊章由道核發由廳按十日一次支給兵
夫領用其事雖微而缺一不可惟本年係有閏
之年節候較早黃河来源尚未報長測以盈虛

之理誠恐交伏前後長水頻仍修防倍應慎重
且河勢提移不定有此工閉而彼工生者有向
係無工之處大溜猝然趨注出險者有正在廂
埽拋石溜忽外移者有伏汛平緩秋汛轉出險
工者有秋水力勁搜根屢蟄屢廂者 臣雖已閱
歷一載究尚未能處處得其底蘊現仍與在工

年老弁兵悉心講求詳審形勢凡有新工將生
各處即飭將額辦料麻磚石酌量分儲不准另
請購辦節屆夏至現將備防大汛事宜籌畫周
密務期保護無虞以仰副
聖主慎重河防保衛民生之至意為此恭摺具
奏伏乞

皇上聖鑒謹
奏
咸豐十年五月初三日具
奏於六月初八日奉到
硃批知道了欽此

再查東省蜀山一湖為蓄水濟運要區上年六
月內據報該湖於四月內乾涸恐該管文武汛
未能先事預籌設法攔蓄當將署鉅嘉主簿柴
雍熙運河蜀山湖汛分防應長齡摘去頂戴先
示薄懲責成將湖水收足再行給還倘有虛耗
水勢情弊立予撤叅在案嗣臣於十一月內赴

濟閱伍順勘蜀山湖水已收至八尺以外尚為
迅速即將文武汛頂戴給還旋因鉅嘉主簿柴
雍熙料理汛務才力不及且與地方百姓有涉
訟之事據運河道敬和揭報即將該主簿谷部
勒休亦在案其分防應長齡自給還頂戴以來
迄今已 閱數月察看該弁辦理收水巡防事宜

小心勤慎頗知愧奮應請免其查辦倘再疎忽
另予核叅理合附片陳明謹
奏
咸豐十年五月初三日附
奏於六月初八日奉到
硃批知道了欽此

奏為查明三月分各湖存水尺寸謹繕清单恭摺
仰祈
聖鑒事竊照嘉慶十九年六月內欽奉
上諭湖水所收尺寸每月查開清单具奏一次等因欽
此所有二月分湖水尺寸業經臣繕单具

奏在案茲據運河道敬和將三月分各湖存水尺
寸開摺稟報前來臣查微山湖定誌收水在一
丈四尺以內因豐工漫水灌注量驗湖底積受
新淤恐不敷濟運經前河臣李 會同前撫臣崇
奏奉
上諭加收一尺以誌樁存水一丈五尺為度本年二

月分存水一丈二尺一寸三月內消水七寸五
分寔存水一丈一尺三寸五分較上年三月水
大一尺九寸五分此外除馬踏一湖水無消長
外其昭陽等六湖消水自三分至二寸四分計昭
陽湖存水三尺七寸南陽湖存水二尺三寸南
旺湖存水五尺二寸八分獨山湖存水四尺六

寸馬場湖存水四尺一寸七分蜀山湖存水八
尺三寸九分馬踏湖存水五尺二寸以上各湖
存水除昭陽一湖比上年三月水小四寸外餘
俱較大自三寸至三尺三寸九分不等查微山
湖口雙閘因民間每聞捻匪出巢警信即請啓
板放水入河以資防禦是以稍見消落仍飭隨

時加下嚴板不使涓滴盡耗其蜀山等湖均因
天氣久晴来源不旺兼之風飈日晒以致亦有
消無長轉瞬即交庚伏往後正大雨時行之候
惟冀甘霖速沛湖水方能增益臣當督飭道廳預
將進水入湖之路疏濬深通廣籌收蓄斷不任
稍有怠忽以仰副

聖主重瀦衛民之至意所有三月分各湖存水尺寸
謹繕清单恭摺具
奏伏乞
皇上聖鑒謹
奏
咸豐十年五月初三日具

奏於六月初八日奉到
硃批知道了欽此

謹將咸豐十年三月分各湖存水實在尺寸逐

一開明恭呈

御覽

運河西岸自南而北四湖水深尺寸

一微山湖以誌樁水深一丈二尺為度先因湖

底淤墊三尺不敷濟運奏明收符定誌在一

丈四尺以內又因豐工漫水灌注量驗湖底
復受新淤二尺七寸奏奉
上諭加收一尺以誌樁存水一丈五尺為度本年二
月分存水一丈二尺一寸三月內消水七寸
五分實存水一丈一尺三寸五分較九年三
月水大一尺九寸五分

一昭陽湖本年二月分存水三尺九寸三月內消水二寸實存水三尺七寸較九年三月水小四寸

一南陽湖本年二月分存水二尺五寸三月內消水二寸實存水二尺三寸較九年三月水大四寸

一南旺湖本年二月分存水五尺五寸二分三月内
消水二寸四分實存水五尺二寸八分較九
年三月水大三尺三寸八分

運河東岸自南而北四湖水深尺寸

一獨山湖本年二月分存水四尺八寸三月内
消水二寸實存水四尺六寸較九年三月水大

三寸
一馬塲湖本年二月分存水四尺二寸三月內消水三分實存水四尺一寸七分較九年三月水大一尺四寸七分
一蜀山湖定誌收水一丈一尺為度本年二月分存水八尺四寸五分三月內消水六分實

存水八尺三寸九分較九年三月水大三尺
三寸九分
一馬踏湖本年二月分存水五尺二寸三月內
水無消長仍存水五尺二寸較九年三月水
大一尺六寸二分

奏為大汛已交河防緊要現在督飭道廳勤慎修
守並伏前長水廂工情形恭摺具奏仰祈
聖鑒事竊照豫東黃河蘭儀以下各廳工雖停辦而
上游兩岸有河七廳攸關保衛民生且為北省
禦匪藩籬修守均屬緊要當伏秋期内水長工

充

險之時全賴正雜料物充足夫工錢文應手方
能搶護無虞五月二十七日節屆初伏大汛已
交臣業將防汛章程通飭各廳營遵照妥辦長
堤無工之處仍照案札委候補大小人員分段
住守巡防現任廳營汛弁各有專責以及外委
兵夫俱令齊集工次不准擅離務臻周密先據

陝州呈報萬錦灘黃河於五月初三初四初八
續據呈報二十二日戌時復長水二尺八寸先後
等日三次共長水八尺七寸下注各廳雖河身
足資容納惟大溜提移不定其舊工一經着溜
或朽底漲淨或埽段坐蟄不能不准其廂修均
飭撙節辦理核實稽查不任稍有虛糜其中河
廳還堤帮戧土工已報完竣而河勢下卸中牟

下汛十三堡尚應添築土壩以備挑禦俟開歸
道減估具稟再行覈核飭辦連伏前各廳報廂
之工統容臣親勘查驗後次第陳
奏至各該廳承辦正料多方挪措賒欠俱已購竣
磚石亦在採運其雜料麻柍無力再墊尚形短絀
防險夫工錢文亦無項籌備司庫應撥之款屢

催罔應即有所撥為數甚微分發七廳按三銀
七鈔而計鈔價過賤尚不敷廂埽夫工之用雜
料添稭仍难採購且查各汛兵丁力作巡防終
歲在堤無間寒暑專恃月餉餬口養家現在司
庫欠發河兵餉銀至十一季之多各兵俱係窮
民何能枵腹從公均~~有~~各自~~謀~~顧~~朝夕~~不暇渙散~~堪~~可虞河

防關係
國計民生至為重大伏汛甫交水長工繁汛期為
日甚長若無錢粮源源接濟勢將貽悞修防因
此臣晝夜焦灼寢饋难安現又節次函商撫臣
慶 諄催藩司陸續籌撥雖京餉軍餉緊廹亦
須兼顧並計以冀保全河工大局臣受

恩深重有一分心力盡一分職守斷不敢稍事推諉

惟當督飭各道廳寔力巡防勤慎修守發摺後

將應辦各事布置妥協即起程周歷上游兩岸驗料

勘工並稽查各渡口亦不敢自耽安逸以期仰

慰

宸廑為此恭摺具

奏伏乞

皇上聖鑒謹

奏

咸豐十年五月二十八日具

奏於六月十三日奉到

硃批知道了欽此

再摺正繕就復據陝州呈報萬錦灘黃河於五
月二十三日酉時又續長水三尺來源勤旺除
通飭各廳營周容巡防小心修守外理合附片
陳明謹
奏
咸豐十年五月十八日附

奏於六月十二日奉到
硃批知道了欽此

再臣氣體本健雖素患怔忡健忘而〔精力〕勞苦能耐

自上年蒙

恩補授河東河道總督因防河緊要長駐豫省河干

無間寒暑以致精受潮濕兩腿不時酸痛本年

去秋中河險工疊出復臣督率道廳禁汛晝夜搶鑲露處堤岸往來巡查歷時三月之久

春夏之間天氣久晴汴城時疫盛行均患喉痧

之症臣親丁於七日之內連傷四口臣亦沾染

染

此恙渾身壯熱頭重目眩 正醫治間旋悉丹陽
常錫蘇州接連被賊攻陷失守江南為財賦之
區所關甚大五中焦憤什倍恒情以致火愈上
升眼紅臉赤雖趕服降火平肝之劑熱氣漸退
而精神頹形委頓現在伏汛已交正水長工繁
修守喫緊之候 臣何敢愛惜犬馬微軀遽乞調

養性有力疾督防不敢稍事偷安如精神宴在
未能支持即當據寔直陳亦不敢因循戀棧致
滋貽悞合先附片
奏明伏乞
聖鑒謹
奏

咸豐十年五月二十八日附

奏於六月十二日奉到

硃批覽欽此

奏為查明閏三月分各湖存水尺寸謹繕清单恭

摺具

奏仰祈

聖鑒事竊照嘉慶十九年六月内欽奉

上諭湖水所收尺寸每月查開清单具奏一次等因欽

此所有三月分湖水尺寸業經臣繕单
奏報在案茲據運河道敬和將閏三月分各湖存
水尺寸開摺具稟前來臣查微山湖定誌收水
在一丈四尺以内因豐工漫水灌注量驗湖底
積受新淤恐不敷濟運經前河臣李　會同前
撫臣崇○

奏奉
上諭加收一尺以誌椿存水一丈五尺為度本年三
月分存水一丈一尺三寸五分閏三月內水無
消長仍存水一丈一尺三寸五分較上年無閏
可比此外昭陽等七湖消水自四寸至一尺二
寸二分計昭陽湖存水三尺三寸南陽湖存水

一尺九寸南旺湖存水四尺三寸五分獨山湖
存水四尺二寸馬場湖存水二尺九寸五分蜀
山湖存水七尺六寸九分馬踏湖存水四尺七
寸七分以上各湖存水上年無閏無可比較查
本年自春仲至夏初天氣久晴四月二十八九日
濱河一帶雖已得雨尚未深透以致各湖之水

有消無長惟冀往後甘霖叠沛山泉旺發方能

源源增益臣當督飭道廳廣籌收蓄備濟船行

如有警報兼可宣放入河攔禦賊匪不任稍有

疎忽以仰副

聖主重儲衛民之至意所有閏三月分各湖存水尺

寸謹繕清單恭摺具

奏伏乞

皇上聖鑒謹

奏

咸豐十年五月二十八日具

奏於六月十二日奉到

硃批知道了欽此

謹將咸豐十年閏三月分各湖存水實在尺寸
逐一開明恭呈
御覽
運河西岸自南而北四湖水深尺寸
一微山湖以誌樁水深一丈二尺為度先因湖
底淤墊三尺不敷濟運奏明收符定誌在一

丈四尺以内又因豐工漫水灌注量驗湖底
復受新淤二尺七寸奏奉
上諭加收一尺以誌樁存水一丈五尺為度本年三
月分存水一丈一尺三寸五分閏三月内水
無消長仍存水一丈一尺三寸五分較上年
無閏可比

一昭陽湖本年三月分存水三尺七寸閏三月
内消水四寸實存水三尺三寸較上年無閏
可比
一南陽湖本年三月分存水二尺三寸閏三月
内消水四寸實存水一尺九寸較上年無閏
可比

一南旺湖本年三月分存水五尺二寸八分閏
三月内消水九寸三分實存水四尺三寸五
分較上年無閏可比
運河東岸自南而北四湖水深尺寸
一獨山湖本年三月分存水四尺六寸閏三月
内消水四寸實存水四尺二寸較上年無閏可比

一馬場湖本年三月分存水四尺一寸七分閏
三月内消水一尺二寸二分實存水二尺九
寸五分較上年無閏可比
一蜀山湖定誌收水一丈一尺為度本年三月
分存水八尺三寸九分閏三月内消水七寸
實存水七尺六寸九分較上年無閏可比

一馬踏湖本年三月分存水五尺二寸閏三月
内消水四寸三分實存水四尺七寸七分較
上年無閏可比

奏為黃河各廳險工搶廂拋護平穩恭報伏汛安

瀾秋汛正長現仍督飭慎防繕摺具陳仰祈

聖鑒事竊照伏汛前後長水廂工督令道廳勤慎修

守情形臣於五月二十八日具

奏在案當將應辦案牘布置清理後即先勘南岸

工程查上南廳鄭州上汛頭堡胡家屯係上年
出險之處迤下八堡及来童寨現俱着河中河
廳中牟下汛十二三堡上秋兩出奇險九堡舊
有埽工亦多滙出因交伏後大溜湍激側注不
移不獨舊埽坐蟄亟應加廂其無埽處所刷及
堤埧亦須接廂搶護下南廳祥符上汛黑堽工

為省城保障廂拋埽埧亦關緊要上年東河搶
辦險工動用錢粮總數稍多仰蒙
硃批嚴飭臣悚懼於心刻不敢忘是以本年遇有險
工尤應督同各道處處親勘事事稽查以期用
項漸有減少而現在南岸三廳同特廂埽署開歸道
王憲雖熟諳修防辦事結實惟一人耳目难周

臣即與該道分投督辦以杜虛糜其北岸各廳
亦多稟報廂工河北道張維翰在任數年機宜
諳練先責成其督辦仍俟臣親勘後再行核（廂歸事宜臣該道先行辦）
奏其中河廳十二三堡還堤幫戧土工業已辦竣
先據開歸道驗收具報臣復（親）加覆驗錐試飽滿
簟量丈尺數足辦理尚屬如式可資後靠所有

南岸廂辦已竣之工勘係上南河廳鄭州上汛
八堡順頭壩埽工二段並下首空檔順堤埽工
三段順二壩埽工五段並下首空檔順堤埽工
五段俱係咸豐九年緩修大溜側注逼刷不移
各舊底陸續滙淨照段補廂新埽十五段中河
廳中牟下汛九堡托頭壩迤上北戧頭二三四

埽托頭埧三埽至七埽托頭埧迤下北戧頭埽下段及二三兩埽托二埧頭二三埽戧二埧六七兩埽俱係咸豐八九兩年先後緩修之工底料朽腐淘注漥净分投補廂新埽十七段下南河廳祥符上汛二十堡魚鱗二埧埽工三段內頭埽分上下段該埧下首空檔托頭埧埽工五

段二十一堡新三坝上首空檔順堤埽四段均
係上年停修舊底糟朽急溜淘刷先後滙塌照
段搶補新埽十三段内魚鱗二坝頭埽仍分上
下段以上各工辦理尚属合宜其餘卑矮埽段
亦俱加廂高整抵禦甚為得力至黄河來源僅
據黄沁廳呈報武陟沁河於六月初二並初九

日卯巳兩時及十四日巳時四次共長水八尺
加以上游雨水滙注雖溜力較勁河身足資容
納兩岸各工防護平穩節屆立秋伏汛安瀾堪
以仰慰
聖懷惟秋汛為日正長且上冬山陝一帶得雪較多
非暑熱不化伏汛期內因天時凉爽萬錦灘未

經續報陡長往後一經盛暑西水必形勤旺防
秋尤為緊要臣祇有督飭各道廳勤慎巡防撙
節修守斷不敢稍任懈忽並委在工學習之詹
事府洗馬伍忠阿翰林院編修童福承東河候
補道宗稷辰分赴兩岸周歷協防以期耳目周
密其料物用多存少之處酌量添辦藩司賈臻

知大汛期内水長廂工非錢不行近經 臣專札
行催即將欠撥開歸河北二道之款分次籌撥
雖為數不寬若能源源接濟亦不致有貽悞 臣
於料物錢粮総當寛備慎用核寔稽查以仰副
聖主重工節帑之 至意所有伏汛安瀾現仍督飭慎
防秋漲緣由理合恭摺具陳伏乞

皇上聖鑒謹

奏

咸豐十年六月二十二日具

奏於七月初七日奉到

硃批覽奏已悉欽此

奏爲循照酌減之數請添黄河秋汛防險銀両以
濟工需而重修守恭摺具
奏仰祈
聖鑒事竊照嘉慶二十一年陞任河南撫臣方受疇
奏奉

上諭豫省河工每年於藩庫地丁内撥銀三十萬兩以
爲搶險之用仍照向例儲備其臨時添撥銀兩若於
具奏後給領寔恐緩不濟急嗣後如遇歲定搶險銀
三十萬兩將次用完着該河督察看情形應需添撥
若干會同該撫核明一面具奏一面行司提取備用
俟霜後如有餘存仍奏明歸還原款核寔報銷等因

欽此欽遵在案嗣後每逢伏秋大汛歷任河臣

奏請添撥銀三十萬兩迨道光十一年以後酌減

銀數每年請添撥銀二十五萬兩咸豐三四兩

年因錢粮支絀又經前河臣 再減銀五萬兩請

添銀二十萬兩均蒙

恩准前數年因下游各廳工程停辦經前河臣李 酌緩

銀十萬兩減請銀十萬兩上年雖工用較繁因
經費難籌未敢寬請仍照酌減之數請銀十萬
兩仰蒙
勅部議准各在案伏查黃河修防不獨保堤衛民且
逆匪未靖竄擾靡定北省藩籬以黃河為天險
可守關繫至為重大而涵勢之趨向工程之平險均

难預測當伏秋大汛水長工險之時全賴料物
錢粮應手方能搶護無虞現在伏汛雖過秋汛
聞上游山陝地方去冬雨雪甚大應有盛漲而辰下
為日甚長况伏汛期內沁黄來源長水無多是秋
漲必形勤旺修守倍應慎重原辦稭麻磚石因
交伏前後大溜滿漱節次廂拋埽垻現已用多
存少必須赶緊添辦以資備防而免缺乏所有

司庫例撥防險銀兩業經陸續支發其秋撥一
項從前已節年遞減茲與開歸河北二道確按
各廳工程形勢未能再減並據具詳前來應請
仍照上數年酌減之數添撥秋汛防險銀十萬
兩以濟工需而重修守仰懇
天恩俯念河防緊要如數准添俾免貽悞復查此項

秋撥防險銀兩前年係先用捐輸之項劃抵不
敷者再由司庫找撥現在東河捐輸雖未截止
若著照三銀七鈔上兌原收原發尚可設法招徠
無如屢經部議行令須搭七銀三鈔報捐現銀
過多以致捐生裹足不前現請之款祇可仍由
司庫撥發而此項從前係全撥現銀近年河工

撥款俱按三成現銀七成寶鈔給發其中節省
通約為十萬寅祇敷

萬
臣寅多恭候

命下臣即行司撥交開歸河北二道撙節支放臣當

隨時核實稽查不任絲毫浮冒統俟霜降安瀾

後查明各廳用賸稭垛合銀劃還司庫並將先

後撥過銀兩及伏秋汛內搶辦各工用銀總數

詳慎句稽彙案
奏報所有循照酌減之數請添秋汛防險銀兩以
濟工需緣由謹會同河南撫臣慶　恭摺具
奏伏乞
皇上聖鑒訓示謹
奏

咸豐十年六月二十二日具
奏於七月初七日奉到
硃批户部核議具奏欽此

再山東濟甯州城為河臣駐劄處所近年雖長
在豫省防河而所轄諸事仍須遙為布置現當
皖捻猖獗時擾豫東時被滋擾地面寬廣豈能處處設防
全賴民團志切同仇以濟兵力之不足況山東
為京師門戶濟甯尤為東省藩籬防堵最關緊要
是以臣疊次札諭運河道敬和濟甯州知州盧

京師單抬

朝安會同河標各營及本地紳董實力經理臣
於上冬赴濟閱伍親勘挑濬築圍並挑挖牛頭
萬福等河工程以備注水禦賊諸臻妥協復閱
視練勇鎗礮技藝隊伍亦甚整齊當經附片
奏明在案伏念官爲募勇必須日給口糧又不便
請用正項全賴勸捐貲給而若時過久勸捐亦

有力竭之時且募勇較多恐有他州別縣之人良莠不齊是以祇就本地招集團勇與其各有身家以防奸細混跡並由道州紳董會商勸諭各集鎮村莊另立義勇名目按村鎮之大小定人數之多寡先行造冊稟州存案不時輪流赴州查點平日仍令各安生理無須給發口糧一

有警報即按冊調撥齊赴邊境堵禦較之各村
各鎮築圩自衛株守一隅畛域太分不供調遣
者更足集羣力而杜後患近復據運河道敬和
濟甯州盧朝安稟稱除已辦團勇現又面商河
標四營時備諭令各營兵丁擇其子弟中素有
膂力者逐日操演弓馬技藝以便遇有賊警臨

〇〇八

時就近添調防剿其年日仍無須發給口糧等因臣查
該道所似此辦法無事之日既不須預措餉需
有事之時又可以悉歸鈐制人皆土著地方之
稽察易周家有蔵丁捍禦之声威益壯用民而
不至困餉以累公家費無虛耗用團而不至藉
練以抗官長法可常行於團務極為周安因思

各路辦團雖地方情形不同倘能參用濟甯所
辦章程似足收衆志成城之效除臣隨時嚴飭
該道州認真經理不任日久懈弛外理合附片
奏
聞
謹
奏

咸豐十年六月二十二日附
奏於七月初七日奉到
硃批知道了欽此

奏為查明四月分各湖存水尺寸謹繕清单仰祈
聖鑒事竊照嘉慶十九年六月內欽奉
上諭湖水所收尺寸每月查開清单具奏一次等因欽
此所有閏三月分湖水尺寸業經 臣 繕单具
奏在案茲據運河道敬和將四月分各湖存水尺

寸開摺稟報前來臣查微山湖定誌收水在一
丈四尺以內因豊工漫水灌注量驗湖底積受
新淤恐不敷濟運經前河臣李　会同前撫臣崇
奏奉
上諭加收一尺以誌樁存水一丈五尺為度本年閏
三月分存水一丈一尺三寸五分四月內消水

二寸五分寔存水一丈一尺一寸較九年四月
水大二尺此外昭陽等七湖消水自四寸至一
尺八寸計昭陽湖存水二尺九寸南陽湖存水
一尺五寸南旺湖存水三尺獨山湖存水三尺八
寸馬場湖存水二尺一寸蜀山湖存水五尺八
寸九分馬踏湖存水三尺九寸四分以上各湖

存水除南旺蜀山二湖上年四月內乾涸現在
無可比較昭陽一湖較上年四月水小三寸外
餘俱較大自二寸至一尺二寸七分不等查東
省瀕河一帶因春夏之間天時雨少晴多以致
湖河水勢並絀四月杪雖已得雨尚未深透湖
瀦不能增益迨入伏前後甘霖疊沛山泉坡河

之水同時旺發滙注各湖已見源源加長臣惟
當督飭道廳廣籌疏導設法收蓄務期湖水充
盈備禦賊匪並慎守堤埝均不任息忽以仰副
聖主重瀦衛民之至意所有四月分各湖存水尺寸
謹繕清单恭摺具
奏伏乞

皇上聖鑒謹

奏

咸豐十年六月二十二日具

奏於七月初七日奉到

硃批知道了欽此

謹將咸豐十年四月分各湖存水實在尺寸逐
一開明恭呈
御覽
運河西岸自南而北四湖水深尺寸
一微山湖以誌樁水深一丈二尺為度先因湖
底淤墊三尺不敷濟運奏明收符定誌在一

丈四尺以內又因豐工漫水灌注量驗湖底
復受新淤二尺七寸奏奉
上諭加收一尺以誌樁存水一丈五尺為度本年閏
三月分存水一丈一尺三寸五分四月內消
水二寸五分實存水一丈一尺一寸較九年
四月水大二尺

一昭陽湖本年閏三月分存水三尺三寸四月
內消水四寸實存水二尺九寸較九年四月
水小三寸
一南陽湖本年閏三月分存水一尺九寸四月
內消水四寸實存水一尺五寸較九年四月
水大五寸

一南旺湖本年閏三月分存水四尺三寸五分
四月內消水一尺三寸五分實存水三尺較
九年四月據報乾涸無可比較理合註明
運河東岸自南而北四湖水深尺寸
一獨山湖本年閏三月分存水四尺二寸四月
內消水四寸寔存水三尺八寸較九年四月

水大四寸
一「馬場湖本年」閏三月分存水二尺九寸五分
四月內消水八寸五分寔存水二尺一寸較
九年四月水大二寸
一「蜀山湖」定誌收水一丈一尺為度「本年閏三
月分存水七尺六寸九分「四月內消水一尺

八寸實存水五尺八寸九分較九年四月據
報乾涸無可比較理合註明
一馬踏湖本年閏三月分存水四尺七寸七分
四月内消水八寸三分實存水三尺九寸四
分較九年四月水大一尺二寸七分

再據揀發東河學習翰林院編修童福承呈稱

恭閱邸抄咸豐十年四月十七日奉

上諭著籍隸江蘇安徽浙江河南等省大小京官將如何團練及防守事宜務須統籌全局各抒所見並各舉所知迅速奏聞毋得虛言搪塞等因欽此

該員現食翰林俸雖在東河學習尚繫京秩與

在京無異應遵
旨言事謹具封章惟求附摺便遞等情前來理合將
呈到封章一件附片代遞伏乞
聖鑒謹
奏
咸豐十年六月二十二日附

奏於七月初七日奉到

硃批覽欽此

奏為黃水續長已消兩岸險工搶廂抛護平穩節

逾處暑現仍督飭妥慎修防以保無虞恭摺具

陳仰祈

聖鑒事竊照黃河伏汛安瀾並廂辦各工情形臣於

六月二十二日具

奏後其時南岸上中下三廳搶廂埽段雖工作未停雨大局可以放心臣即於滎澤口北渡順查而東逐次節據陝州呈報萬錦灘黃河於六月二十一日辰時陡長水二尺九寸黃沁廳呈報武陟沁河於六月二十日巳未申酉四時並二十五日卯亥兩時二十六日未時七次共長水

一丈六尺八寸加以陰雨日久連宵達旦傾盆
而降勢甚廣遠凡上游通黃各河之水莫不滙
流下注以致各廳積長水四五尺餘寸不等浩
瀚澎湃大溜湍激不獨舊埽着溜滙塌必須搶
補即新廂各埽水勢刷深亦應跟加方能賴以
捍禦且河勢情形每歲不同臣挨廳親勘查黃

沁廳險工向在唐郭汛攔黃埝其沁河蓮花池
埽工雖係歸廳修守從前不過尋常加廂本年
六月二十日四時之間沁水驟長至一丈三寸
過於猛激以致掣塌舊埽十餘段之多該處為
河北三府閭閻保障關係緊要連夜搶補本工
料垛用完復轉運他工之垛及採購新稭湊用

廂辦尚未停手衛粮廳磚石埽壩工程向在封
邱汛西圈埝近因東圈埝及十五堡一帶河勢
側注土係純沙灘唇陸續潰塌距堤不遠亟應
力加保護祥河廳十五六堡河溜上提下坐各
埽此廂彼蟄現應修守下北廳祥陳汛頭堡臨
黃埽壩形勢未改惟黃水下注必須去路通暢

通暢方免抬高停頓之患近年每值汛漲水至
蘭陽口門一束以致上游各工較為吃重現查
西壩切近市鎮裹頭埽段自應寔力廂修保護
其東壩裹頭各埽自咸豐五年經道廳捐辦之
後迄今數載早已朽腐無存該處地係曠野並
無村庄 臣與河北道及下北廳悉心籌商并博

覽

採衆論應聽其酌量展寬不獨行溜可期暢順
并可免補還壩頭埽段多費錢粮於地方亳無
關碍自宜隨時变通其辦理各事署開歸道王
憲河北道張維翰均能妥籌經理臣亦勉力督
辦不敢自耽安逸稍涉大意所有兩岸各廳先
後報廂已竣之工臣均勘驗屬寔謹彙繕另片

恭呈
御覽現在長水雖已見消而秋汛尚有兩月且本年
西水未曾大長恐往後漲水勤旺下注猛驟仍
應節慎修防至兩岸稽查渡口委員原派者或
已補缺赴任或另有差委或有事故離工業經大
半更換臣沿途密察各渡口新舊委員俱認真

出力無間風雨寒暑常住河干蓆棚嚴查奸細

臣惟設法稽查與大汛修守並重此時豫省官

辦防剿紳辦團練如果路路設備捻氛諒可少

靖倘遇寇警逼近臣當仍移駐北岸以防該匪

北竄並飭道廳委員上下策應彼此兼顧務期

河路肅清工程穩固以冀仰慰

宸廑爲此恭摺具陳伏乞

皇上聖鑒謹

奏

咸豐十年七月初八日具

奏於七月二十二日奉到

硃批知道了欽此

不必抄

再各廳先後報廂已竣之工　臣俱勘驗屬實係
北岸黃沁廳唐郭汎攔黃埝五垻迤下空檔頭
二三四埽順二垻下首空檔埽工五段均係咸
豐八年緩修底料朽腐水長溜逼先後滙盡按
段補還新埽九段衛粮廳封邱汎西圈埝第二
道順垻西面並垻頭埽工三段又頭垻西面並

壩頭埽工二段頭壩迤東托壩二道埽工四段俱係緩修舊工溜勢逼注朽底涸淨分投補廂新埽九段祥河廳祥符上汛十五堡以上順堤頭二三埽並七八埽及十二三四埽共八段又十六堡埽靠埽五段均係上年停修之工水長溜急提坐逼刷腐底先後涸淨照段補還下北河

廳祥符下汛頭堡挑水五垻頭及上下首埽工
六段又蘭陽汛西垻褁頭頭埽上首石架以上
埽工二段裹頭埽四埽迤下埽工二段俱係八
九兩年緩修舊底擱朽溜勢猛勁趨逼滙塌補
還新埽十段南岸上南河廳鄭州下汛九堡新
順垻新藏頭埽上首埽工三段並新順垻埽工

三段舊順埧頭埽上首順堤埽工三段及舊順
埧埽工三段均係上年停修河勢南趴大溜湧
注朽底陸續刷盡挨段補廂新埽十二段中河
廳中牟下汛十堡下段順隄九埽至十二埽並
十一堡上段順隄頭埽至五埽迤下順水五埧
裹頭埽及頭二三埽俱係咸豐九年緩修底料

朽腐河溜搜刷先後滙淨補還新埽十三段下
南河廳祥符上汛二十堡挑水壩下首空檔托
二壩埽工三段二十二堡新四壩埽工六段均
係上年停修猛溜逼刷朽底陸續揚淨搶補新
埽九段又該廳祥符下汛二十六堡至三十二
堡一段工尾止大堤北面舊有防風埽工朽腐

無存各該堡堤身土性沙鬆漲水上滩風浪撞
擊情形緊要補廂防風埽工九段計長一千一
百四十二丈以上各工經該管開歸河北二道
督飭各廳營廂辦俱屬合宜其餘卑矮埽段亦
皆加廂高整抵禦河溜保衛堤坝甚為得力理
合附片陳明謹

奏

咸豐十年七月初八日附

奏於七月二十二日奉到

硃批知道了欽此

奏為盤查豫省開歸河北兩道河庫錢糧無虧恭
摺具
奏仰祈
聖鑒事竊照豫東兩省黃運四道庫存各項銀兩每
歲年終例由河臣盤查

奏報所有咸豐九年分年終盤庫一案前經飭據
開歸河北二道將庫存銀兩造具冊摺詳送前
來臣於二月二十四日因公進省先將開歸道
庫盤查茲乘周歷兩岸勘工防汛之便於六月
二十六日親赴武陟縣河北道庫逐款盤查開
歸道庫應存銀九百四十三兩九分五毫河北

道庫應存銀三十七兩八錢三分五厘七毫當
堂覈對庫簿冊籍均屬相符彈兑平色亦皆足
實並無虧短復查開歸河北二道庫額存各款
銀兩向係每年湊墊各廳辦料搶工之用霜後
由司全數撥還以資輪流周轉近數年來節次
支絀未及隨時撥還而
墊發工需因司庫欠撥較多以致道庫早空即

例撥辦料防險等項既未能按時撥給且所撥
不寬而各廳辦工緊要不得不隨撥隨發是以
道庫毫無積存現當大汛正修防吃緊之候臣
惟有隨時行催藩司籌款陸續撥發接濟以免
貽悞合併陳明除東省運河兗沂兩道庫俟臣
防河事竣赴濟再行盤查具

奏外所有盤過豫省開歸河北兩道庫錢糧無虧

緣由理合循例恭摺具

奏伏乞

皇上聖鑒謹

奏

咸豐十年七月初八日具

奏於七月二十二日奉到
硃批知道了欽此

再現在庫款支絀經費艱難籌而應撥京餉協餉

緊迫以致

宵旰焦勞動煩

宸廑凡為臣子者苟可設法籌措自應力圖報効茲

臣將應支河督養廉催據豫東兩藩司呈解前

來奏成實銀二千兩捐作京餉明知雖涓滴之水無

裨措注

補西江而犬馬之微忱藉此以稍抒除將所捐實銀

交存河南司庫搭解外復查臣前在福建學政
及在本籍勸捐時三次
任內捐輸臣家均蒙
級錄優加紀不
天恩獎叙此次臣家不敢再邀議叙合併聲明為此附片
具奏伏乞
聖鑒謹
奏

咸豐十年七月初八日附

奏於七月二十二日奉到

硃批另有旨欽此

咸豐十年十二月初三日准
戶部咨咸豐十年七月十五日奉
上諭黃　奏捐輸京餉等語東河河道總督黃
捐輸京餉尚屬急公著交部從優議敘欽此欽遵
到部查東河總督黃　捐輸京餉銀二千兩
應給予隨帶加四級相應知照、吏部註冊給照、

並咨行東河總督查照可也

奏為查明五月分各湖存水尺寸謹繕清単恭摺

仰祈

聖鑒事竊照嘉慶十九年六月内欽奉

上諭湖水所收尺寸每月查開清単具奏一次等因欽

此所有四月分湖水尺寸業經臣繕単具

奏在案茲據運河道敬和將五月分各湖存水尺
寸開摺稟報前來臣查微山湖定誌收水在一
丈四尺以內前因豐工漫水灌注量驗湖底積
受新淤起不敷濟運經前河臣李　會同前山
東撫臣崇　奏奉
上諭加收一尺以誌樁存水一丈五尺為度本年四

月分存水一丈一尺一寸五月內水無消長較
九年五月水大一尺八寸此外昭陽南陽獨山
三湖均消水三寸南旺馬場蜀山馬踏四湖長
水自一寸九分至八寸五分計昭陽湖存水二
尺六寸南陽湖存水一尺二寸南旺湖存水三
尺八寸五分獨山湖存水三尺五寸馬場湖存

水二尺七寸蜀山湖存水六尺五寸馬踏湖存
水四尺一寸三分以上各湖存水除昭陽一湖
比上年五月水小六寸外餘俱較大自一寸至
六尺三寸六分不等查六月内東省瀕河一帶
亦連得透雨山泉坡水旺發同時滙注河湖北
路各湖之水俱已收足其南路昭陽南陽微山

等湖經上游各閘啟板宣水下注兼之彭口山

河水勢漲發亦均源源增長秋汛尚有兩月現

仍大雨時行臣惟當督飭道廳相機分別宣蓄

並慎守堤埝力保無虞斷不任稍有疎忽以仰

副

聖主重瀦衛民之至意所有五月分各湖存水尺寸

謹繕清单恭摺具

奏伏乞

皇上聖鑒謹

奏

咸豐十年七月初八日具

奏於七月二十二日奉到

硃批知道了欽此

謹将咸豐十年五月分各湖存水定在尺寸逐

一開明恭呈

御覧

運河西岸自南而北四湖水深尺寸

一微山湖以誌樁水深一丈二尺為度先周湖底

淤墊三尺不敷濟運奏明收符定誌在一文

四尺以內又周豐工漫水灌注量驗湖底復
受新淤二尺七寸奏奉
上諭加收一尺以誌樁存水一丈五尺為度「本年」四
月分存水一丈一尺一寸「五月內水無消長
仍存水一丈一尺一寸」較九年五月水大一
尺八寸

一昭陽湖本年四月分存水二尺九寸五月內
消水三寸寔存水二尺六寸較九年五月水
小六寸
一南陽湖本年四月分存水一尺五寸五月內
消水三寸寔存水一尺二寸較九年五月水
大二寸

一南旺湖本年四月分存水三尺五月內長水八寸五分寔存水三尺八寸五分較九年五月水大三尺六寸二分

運河東岸自南而北四湖水深尺寸

一獨山湖本年四月分存水三尺八寸五月內消水三寸寔存水三尺五寸較九年五月水

大一寸

一馬場湖本年四月分存水二尺一寸五月內

長水六寸寔存水二尺七寸較九年五月水

大五寸

一蜀山湖定誌收水一丈一尺為度本年四月

分存水五尺八寸九分五月內長水六寸一

分寔存水六尺五寸較九年五月水大六尺
三寸六分
一馬蹭湖本年四月分存水三尺九寸四分五
月內長水一寸九分寔存水四尺一寸三分
較九年五月水大二尺六寸一分

奏為據情代

奏恭謝

天恩仰祈

聖鑒事據詹事府洗馬今陞補左庶子伍忠阿呈稱竊

奴才接河 臣轉行吏部咨咸豐十年五月初二

日奉
上諭詹事府左庶子著擬正之伍忠阿補授著毋庸
帶領引見等因欽此 奴才當即恭設香案望
單抬
闕叩頭恭謝
天恩訖伏念 奴才駐防世僕由道光丁未科繙繹進士
改庶吉士庚戌散館授職編修洊升洗馬咸豐

九年正月奉
旨發往東河學習一載以來涓埃未報五中循省儆
惕方深茲聞
寵命之自
天倍覺悚惶之無地查庶子領春坊清秩左僚為右
職遷階努自顧庸愚仰邀越次感

聖主隆施之逾格寔夢想所未期惟有益勵操持
勉矢勤慎以冀稍酬
高厚鴻慈於萬一所有奴才感激下忱敬謹繕摺呈請
悰章
代
奏等情前來臣查新授左庶子伍忠阿係原發東
河學習人員理合代

奏恭謝

天恩伏乞

聖鑒再據伍忠阿面稱該員現在東河學習懞

抑仍留工學習之處並祈代奏

恩升補左庶子應否即行入都供職仰候

訓示祗遵謹

奏

咸豐十年七月初八日具
奏於七月二十二日奉到
硃批覽著仍留河工欽此

奏為節屆白露謹陳黃河水勢工程情形仰祈
聖鑒事竊照節逾處暑黃水續長已消兩岸險工搶
廂拋護平穩緣由臣於七月初八日具
奏在案伏查黃河修守最重伏秋而秋汛為日甚
長修防尤關緊要旬餘以來萬錦灘並沁河來

源雖未報續漲而灘河一帶仍大雨時行上游
通黃之伊洛瀍澗諸河及水（處處通黃）滙流下注是以各
廳水勢時有長落或一日之間驟長一二尺或
數日之內積長三四尺加以秋濤力勁淘底搜
根以致兩岸臨黃新舊埽段間多此廂彼蟄尤
以上南中河祥河三廳為繁重 臣 督飭開歸河

北二道嚴諭各廳相機節愼廂辦不任絲毫虛
糜其舊有朽埽滙塌之處實在緊要者方准補
廂餘俱可緩且緩得省即省以歸核實至埽前
水勢過於刷深蟄廂不已之段必須用石拋護
以及舊有磚石垻垛被涌刷蟄塌卸應行加拋
並新工將生未生處所應先拋築磚石垛抵禦

以免添廂新埽滋費亦均飭令撙節辦理現查
黃沁廳唐郭汛攔黃埝五堤迤下空檔五埽至
八埽係咸豐七年緩修舊工又武陟汛馬工西
大堤尾二段下首埽工五段亦係八年停修因
溜勢緊逼朽底先後滙淨趕補新埽九段抵禦
甚為得力此外各廳舊埽俱令暫從緩辦惟汛

期尚有五旬往後水勢之續漲工程之平險均

難測度臣仍當督飭各道廳勤慎修防遇有寔

應廂辦埽段總期無枉費之工無妄用之費帑以仰副

聖主節帑除弊之至意

帑節力保無虞庶防河有險可守仰慰

宸廑再本年辦過土工先經臣親勘驗收如式現飭

查造工段丈長銀数細册俟禀到再行核
奏所有節届白露黄河水勢工程情形理合恭摺
具陳伏乞
皇上聖鑒謹
奏
咸豐十年七月二十二日具

奏於八月初六日奉到

硃批知道了欽此

奏為運泇捕上四廳湖河土石隄岸殘塌過甚亟
應擇其要中之要估修以資保衛民生而備蓄
水禦賊恭摺具
奏仰祈
聖鑒事竊照東省運河各工片段延長不獨漕運攸

關且保堤衛民尤為緊要蓋每值伏秋汛漲若
修守無資致有趹虞則多一處被淹即緩一處
錢粮司庫少一處進項權其輕重所關非細惟
工段雖多而修費有額是以每歲均擇其殘塌
過甚要中之要請辦近年又因皖捻猖獗時思
由東境北竄濟甯滕嶧一帶為省城藩籬防堵

至緊而兵勇有限全賴湖河水勢充足用資攔
禦廂有險可守但欲期湖水收足必藉堤埝鞏
固方能瀦蓄本年自交伏以後瀕河一帶雨澤
較多湖河水勢異漲苟非先將殘缺之工修整
其患何堪設想至運河廳修各工 臣因在豫防
河未能按年前往親勘先於上冬在濟時逐一

咨記運河道敬和辦事向來結實可靠茲據稟報請修者核對尚無不實係運河廳属汶上鉅嘉二汛運河東岸蜀山湖一區瀦蓄汶水濟送東省小米帮船及放水穿運灌入牛頭河攔禦賊匪為最要水櫃茲查各號提工歷経汛漲湖河夾刷風浪撞擊以致現多殘缺碎石坍卸坦

坡淤埋泥底土戧沺刷單薄亟應擇其汶嘉二
汛間段極為險要之工十段湊長一千三十六
丈將土堤築做高厚補砌碎石加築土戧以資
捍禦而重湖瀦除遴用舊石外估需灰石土方
例幫價銀一萬三百四十一兩零又該廳濟甯
州汛運河兩岸堤工歷被伏秋汛内汶泗諸河

異漲撞激捜淘更兼豐工漫水倒漾河坡一片
浸泡數年以致冲刷無存跌成坑塘必須分年
照舊估修方足以資保衛茲擇其危險已極之
東岸濟字二十一號起至二十八號止堤工八
段計長一千五百九丈連填坑塘估需土方銀
一萬一千八百一十两零又該廳續估濟甯州

汛運河西岸濟字三十一號起至四十號止險要應修堤工十段共長一千六十七丈連填坑塘計需土方銀一萬一千八百一十兩零又該廳東平州汛汶河西岸戴村石壩南北各號堤工內舊有修砌護堤碎石為攔汶入運最要關鍵自咸豐四年拆修之後歷經汶水盛漲水漫

堤頂風浪冲激逐漸坍塌沉沒沙底亟應照舊拆砌高整用資護禦計工五段除逡用舊石外估需例帮價銀一萬八十二两零泇河廳屬嶧滕二汛運河西岸微山湖堤界於內河外湖之中前經豐工黃水下注浸泡漫沒加以連年湖河漲水激射搜淘以致河面海漫蟄塌碎石坍

卸必須分年擇要補修始可攔蓄湖瀦茲查滕字三號北首間段工長三百一十六丈滕字三號內間段長二百三十丈河面海漫坐蟄三四五七路不等碎石均皆坍塌亟應照舊補修完整以資收蓄除選用舊石外估需例帮價銀九千一十五兩零又該廳滕汎運河西岸為微山

湖之東障湖水撞擊提身極形吃重向於湖面
抛砌碎石坦坡以資擁護因連年汎漲冲刷搜
淘致將各工蟄陷塌卸殘壞居多現須蓄水攔
匯不能不補還原坦以資抵禦茲擇其最要之
滕字一號七號內間段坦坡工二段湊長五百
九十九丈五尺添抛碎石三成估需例帮價銀

七千一百三十六兩零捕河廳属東平壽東陽
穀等汛運河東岸官堤歷經汛漲汕刷風雨剝
削已属殘缺更兼連年黄水穿運湧激浩瀚或
急溜撞擊或漫水北漾以致衝跌坑塘不一而
足必須趕緊加帮方足以資抵禦茲擇其堤身
窄狹盛漲時與水相平者計工九段湊長一千

一百四十四丈連填坑塘窪形估需土方銀七千六百五十兩零又該廳續估應修東平陽穀等汎殘缺險要官堤四段湊長九百三十丈連填坑塘窪形估需土方銀六千五百三兩上河廳屬聊城堂博清平三汎運河兩岸官堤因連年黃流穿運漫水北注淤沙停積深厚兼之節

經汎漲撞刷風雨剥削現俱殘缺卑矮危險異
常亟應幫培高厚方資抵禦擇其最要之工十
一段湊長一千七百七十五丈連填坑塘估需
土方銀八千三百八十五兩零又該廳續估應
修聊城堂博二汎殘塌堤工六段湊長一千一百
三十一丈連填坑塘估需土方銀五千七百二十

兩零以上十案共计銀八萬八千四百五十餘兩
先經運河道敬和勘減轉請復經臣批飭切實
刪減所估銀數委無虛浮並據分案詳請具
奏前來臣查運河每年奏案工程定例不准出十
萬兩現估銀數不但較額數節省銀一萬餘兩
并較上三年之數有減無增且查近年運河修

防經費係按五銀五鈔核發現在每歲雖估辦銀
八萬八九千兩兩領司庫實銀不過四萬數千
兩較之從前全領實銀者所省尤多其實鈔因
司庫不准搭收無從運用上年雖奏蒙
恩准飭部領給搭發各廳仍同廢紙廳員專靠五成
現銀修工實形竭蹶司庫又未能將現銀按時

撥發深有束手之虞前因湖河水勢暴漲所估
應修各工均關保衛民生刻不容緩已由道庫
於萬難籌措之中設法通融發給並由廳挪項
湊墊於伏汛前先行次第興工趕辦用資捍禦仰
懇
天恩俯念工關緊要

勅下山東藩司將現估修工五成寔銀迅速照數撥
交運河道庫分別歸欵找發俾免貽悞臣當嚴
飭該道督令各廳如式認真修築尅日全完倘
有辦理草率遲延立予嚴參着賠斷不敢稍事
姑容以裨要工而重
帑項仍俟工竣驗收後核繕清单恭呈

御覽所有請修運河各廳湖河土石堤岸緣由理合
恭摺具
奏伏乞
皇上聖鑒訓示謹
奏
咸豐十年七月二十二日具

奏於八月初六日奉到
硃批該部議奏欽此

奏爲蘭儀以下乾河各廳議請飭令會同地方官
丈量舊河身灘地開墾招民耕種升科以裨經
費並以營弁改作操防而重地方恭摺縷晰具
奏仰祈
聖鑒事竊照豫省北岸蘭陽汎漫口因經費難籌未

能興堵 臣 於上年赴任東河
陛辭之日仰蒙
訓諭以現在河道是否可以不改乾河員弁是否可
以裁撤
飭令察看具奏 臣 於到任後即委員確勘悉心統籌
全局必須因勢利導不能挽黃再令南趨惟豫

直東三省地方被水各處莫不引領而望與堵
口門冀復舊業若遽將因勢利導之意宣揚於
外恐小民無知聚衆争辯且慮不逞之徒煽惑
滋事請俟軍務肅清再行勘籌其乾河各廳亦
請暫緩裁撤於九月内恭摺密陳在案本年三
月内恭奉

上諭沈兆霖奏請就黃河改道勸捐築隄飭令各就
地方悉心酌議將有無窒礙情形先行審度具奏
等因欽此當經臣與直隸督臣並河南山東兩撫
臣先後札委道府大員前往周歷勘估勸諭民
間能否捐辦俟各委員具稟到齊再行籌議會
商覈

奏外其改河築堤一事現既奉有

諭旨　南河乾河各廳業經裁撤工段汛地著落州

縣官管轄河南蘭儀以下乾河廳員論理均應

酌裁但情形各有不同查豫省南路南岸各州

縣或毗連皖境或切近逆氛時虞為賊蹂躪北

岸豫東各縣籌辦團練防勦事務紛繁未能兼

管河堤若將廳營汛弁全裁則數百里荒堤並
無一官一弁巡查似非所宜且[illegible]乾河各廳營
現在並不開銷絲毫錢粮僅食廉俸為數無多
而有官住堤與沿河地方州縣聲氣聯絡究可
犄守望相助之益惟各該廳汛除巡堤之外別
無所事 臣復查蘭儀以下舊河身現俱淤成平

陸兩厓灘地廣遠擬請飭令乾河各廳各按所
沂管汎内會同各地方官将舊河身及灘地確
切丈量除飛沙佔壓之處不計外其半淤半沙
及全係淤土凡可以開墾耕種者量明確計寔
有地若干畝先行造冊詳送司道存案第一年
招民試種第二年酌征錢粮五成至第三年則

須確勘地畝之肥瘠其膏腴者應完錢漕照豫
省定例征收稍瘠者如何減成征解臨時再行
議辦至灘內居民各村庄向來認種之地亦應
詳細查明如先已升科者各州縣有案可稽毋
庸另議外其尚未升科納粮之處諒亦不少亦
應確按地畝之肥瘠分别酌征錢漕之多寡以

裨經費一併造冊通詳咨部立案均不准影射隱匿
之灘地河身新墾升科之地所征錢漕除漕米
仍搭解通倉外其征收上下忙官銀應請毋庸
解繳司庫如南岸蘭儀睢州甯陵商邱虞城五
州縣灘地錢糧徑解開歸道庫北岸考城縣及
東省曹單二縣灘地錢糧徑解河北道庫湊作

上游有河七廳修防之費以抵司庫例撥之款
每歲灘地錢漕雖仍歸地方官征解應責成乾
河各廳督催倘有征不足數以及挪移短少准
其由廳禀揭請叅處有專司而無推諉再查乾
汀各營現無修防之責應請改為操防惟河營
武弁兵丁向不練習弓馬技藝祇須明白工程

熟諳椿埽故雖年老尚可留工茲既改為操防必
須汰其老弱另選精壯之人充補但河營戰兵
每名每月餉銀除朋銀額支一兩六錢有零守
兵額支一兩二錢有零向不敷日食之需近復
按五、銀五、鈔支發更形竭蹶在上游有河處所
凡搶險廂工係由廳日給飯食錢文方能力作

現在下游乾河之處無工可修各兵均[係]自謀生
業若令其操防應[則]日日在堤習練弓箭鎗棒方
能漸成勁旅然斷難枵腹從事應[令]按日酌發口
粮當此度支不易何敢另請籌給擬俟灘地新
升之科辦成後由道[各該]於各州縣徑解錢粮內核
發作正開銷以免另籌其乾河各營改為操防

之兵俟一律選補精壯後不必歸撫鎮各標管
營南岸歸開歸道調遣北岸蘭考二汛歸河北
道調遣東省曹單五汛歸兗沂道調遣均協同
地方兵勇防堵似較現募之勇得力至乾河各
文汛飭令隨同各廳辦理丈量灘地開墾升科
之事各武汛隨同各營備督飭兵丁操演技藝

以期耳目周密而臻妥善臣為籌經費而重地
方起見雖無益於目前而有裨於日後理合籌核
議縷晰具
奏是否有當伏乞
皇上聖鑒訓示謹
奏

咸豐十年七月二十二日具
湊旅八月初六日奉到
硃批該部妥議具奏欽此

再臣接准
欽差大臣毛　來咨轉行怡親王等會議河南全
局團練章程十條內一宜籌防河之法以杜賊
匪北竄查豫省河北三府多與開歸二府毗連
僅隔一河必宜認真防堵方無疎虞除趕緊勸
諭該三府紳民辦理團練外應請

弭

旨飭令東河河督訓練河營弁兵節節設防以弭意

外之患並准咨請派撥本標弁兵嚴密設防河

口各等因自應遵照辦理但查臣標四營弁兵

均駐劄濟甯州距豫省四五百里咸豐三年分

曾經前河臣長。

奏請飭調標營弁兵二百餘員名來豫防河嗣因

河南軍需局經費支絀籌發口糧不易復經先
後
奏請裁撤以歸撙節并以各州縣遵
旨所募防河練勇隨時調撥巡防此時若再調河標
之兵不獨行糧生糧無項籌發且濟甯為東省籓籬
京籓籬京師門戶捻匪久有窺伺之心全賴河標

將備弁兵協同團練義勇分投防堵亦不敢輕
易調撥至河營弁兵專事椿埽修工向不練習
弓箭鎗棒祇須巡防得力明白河務故雖年老亦
准留工非標營須一律精壯者可比况夏秋須
搶廂埽工拋護磚石並分投巡防灘水冬春應
栽柳積土防護陵汛無暇訓練技藝分防河岸

現在北岸防河尤要於南岸臣惟有就各渡口
現調各州縣立營設寨之勇認真訓練稽查一
面督飭催河北三府趕緊勸諭紳民辦理團練設
有警信即就近調集河干星羅碁布務臻周密
力杜逆捻北竄斷不任遲延疎忽以冀仰慰
宸廑為此附片具陳伏乞

聖鑒謹
奏

咸豐十年七月二十二日附
奏於八月初六日奉到
硃批知道了欽此

臣恆福臣黃呂臣文煜臣慶廉跪

奏為蘭陽口門以下改河築隄勸捐辦理民力現

有不逮擬請從緩興舉謹將實在情形合詞恭

摺覆

奏仰祈

聖鑒事竊臣等前准軍機大臣字寄咸豐十年閏三

月初五日奉

上諭沈兆霖奏請就黃河改道勸捐築堤録出前人
奏疏並將東省原寄圖説呈覽一摺據稱歷來河
流皆以北行為宜乾隆年間吏部尚書孫嘉淦請
開減河入大清河一疏言之最詳所謂入大清河
由利津入海即是現在黃河所改之道詢之東省

官紳俱云張秋以東自魚山至利津海口皆築民
埝惟蘭儀之北張秋之南則黃河自決口而出汎
濫汪洋工程最鉅直隸之東明長垣山東之菏澤
鄆城培築較張秋為易張秋下游至海門不必施
工惟缺口至張秋數百里間可令民間捐貲籌辦
各等語係為通籌大局起見著恒　黃　文

慶
各就地方情形悉心酌議覈實勘估如果事屬
可行即勸諭各該處紳民力籌捐辦並遴派熟諳
河務之大員會同各該地方公正紳士妥為區畫
或應開引河或應築堤埝分別相度一面勸諭捐
輸將來民捐民辦均著紳董經理毋許假手委員
吏胥以歸撙節如果輸將踴躍即可於本年霜降

水落時奏明一律興工並著各該督撫將有無窒
礙情形先行審度具奏總期為民捍患節經費而
順輿情是為至要沈兆霖原摺及録呈孫嘉淦奏
疏均著抄給閱看將此各諭令知之欽此當經臣
等恭繹
諭旨創築新隄全資捐輸必須順輿情而無窒礙捍

民患而節經費方為妥善即遴選熟諳形勢辦
事認真之道府大員帶同文武員弁周歷豫直東
三省黃水經由各州縣詳細履勘體察輿情實
力勸捐辦理均先附片
奏明在案茲據各委員會同核議先後稟覆前來
臣等伏查豫省蘭陽汛北岸自咸豐五年黃流旁趨

後當因軍務不靖需餉浩繁未能集資興堵迄
今已歷五載之久若再挽黃歸正不獨堵築口
門挑空引河需費甚鉅其蘭陽以東直至江南
乾河各廳隄埽俱已殘廢補隄還埽所費亦屬
不少何能有此巨款不得不因勢利導就黃水
現行之路啟道況由大清河歸海即係從前黃

河故道並非改絃更張先經臣黃　於上年
秋間詳晰密陳在案茲擬勸諭民間捐資築隄
誠為一勞永逸之計除張秋以東自魚山至利
津海口大清河一道厓高水深黃流足資容納
即有險要衝刷之處由各州縣勸捐修築隄埝
可期捍禦毋庸估辦外其自豫省蘭陽口門起

歷直隸長垣東明開州入東境之濮州菏澤范
縣陽穀壽張直至張秋鎮迤東之東阿縣魚山
應築新隄兩岸各長四百數十里其西北雖有
太行子路各舊隄現均卑矮殘缺就之修補亦
屬非易~~攷~~約估錢粮雖不致如挽黄南趨挑河築
垻修隄之多而統計需費亦復不必且估築新

隄向例應在兩岸河沿十里之外以免冲刷惟
東阿縣境內李連橋以西上至東明河勢散漫
支幹分流時有變遷或分或合深淺不一如遇
水漲一片汪洋寬至十餘里展三四十里不等
汀內村庄未被冲去者均已築埝居住似尚安
定若於十里外兩岸加築長隄不特則縱棄各村

庄廬墓於河中必生怨望另滋事端即河沿至
隄之十里内村庄田房廬墓亦難安頓自須給
以地價遷費當此度支萬緊何能籌此鉅款如
改在沿河築隄一遇水長大溜奔騰難免冲塌
仍屬無益更恐水難容納溜緩沙停河身墊高
倘有漫溢掣溜旁趋為患無窮或謂遴派熟諳

河工員弁管帶爬沙船隻相度形勢往來疏浚
俾令〔以期〕正河深通殊不知製造爬沙船鐵兜子亦
需經費駕船兵弁兵并應日給飯食況爬沙船
施於舊河身內底係純沙易於爬刷可期深通
若現走之河〔間〕類多庄基樹根且有塌卸石橋豈
鐵兜子所能爬〔刷〕動〔于事無益〕徒滋勞費現查魚山以上二

十餘里已較上秋委勘時河底刷深後安知
不愈刷愈深不假人力而能逐漸歸槽至勸捐
一層經委員候補道王榮第等親赴河南之祥
符蘭儀考城封邱歷直隸之長垣東明開州山
東之濮州范縣陽穀壽張東阿鄆城荷澤等州
縣每到一處邀集紳民諄諄勸諭並令隨員分

赴近河窮僻鄉村逐加敦勸復諭以此次勸捐
係量出工費創立始基俟河流順軌窪下悉成
膏腴窮黎復業從此繼長增高金隄永固於民
生大有裨益其捐工較多者無不優予獎敘敘
奏云云
恩施斷不沒其善舉當據該紳民紛紛呈訴或謂連

年被水窮苦異常或因田廬漂沒遷徙他方或
因逼(近)賊氛兼遭蹂躪其距河稍遠村庄尚可(雖有)支(以)
持而(者)工段延長無力捐辦俱係實在情形似難
抑勒 臣等往返商榷悉心籌議蘭陽口門以下
改河築隄既未能請
帑辦理民間捐辦復力有不逮且於河內村庄廬

墓均有窒碍擬請從緩興舉以順輿情當由臣
等先行嚴飭各州縣各於所轄沿河村庄隨時
勸諭紳民自築土埝攔禦保衛田廬并令逐年
增高俟單務完竣籌有款項即就民間之埝培
至開挖引河為益無大河下引無須論籌一併聲明
築長隄則事半功倍易於為力謹合詞恭摺覆
奏是否有當伏乞

皇上聖鑒訓示謹
奏
咸豐十年八月初九日具
奏於九月初八日奉到
硃批依議從緩辦理欽此

臣黃[illegible]跪

奏再黃水自咸豐五年於張秋鎮穿運走大清河
由利津口入海雖河身足資容納而瀕河之長
清惠民齊東利津等縣每當伏秋大汛水勢盛
漲或衝刷缺口或刷及城垣數載以來經各該
縣前後任隨時捐資搶築土埝拋護磚石藉以
捍禦無虞自應予以獎敘以勵將來擬俟由司

議詳到日再行會同撫臣核辦曾於上年九月
內經臣黃〇〇附片奏請
訓示遵行此片
留中未蒙
批發迄今又閱一載大汛期內各該縣照常修防並
無懈怠至張秋以上至蘭陽口門數百里現走

之河分歧錯出從前民間修築土埝雖多或保
護室廬或捍衛田畝但尺寸較卑節節為之未
能聯貫現須寬以歲月令地方官因地制宜設
法董勸閱時既久見功必多或可一律興修不
費帑項悉臻完固惟此後修築埝垻全資捐辦
既用民力又藉民財無以鼓勵於前恐難奮興

於後可否將大清河連年堵築缺口防護城垣
捐資出力各縣及節次委勘勸辦之員行司查
取職名會同山東撫臣
奏請獎敘俾後來築埝者觀感興起洵於改河築
隄有裨為此附片陳請伏乞
聖鑒訓示謹

奏
咸豐十年八月初九日附
奏於九月初八日奉到
硃批另有旨欽同日隨摺奉
上諭一道

咸豐十年八月二十二日內閣奉

上諭黃　奏知縣捐修河防隨時捍禦可否奏請
獎叙等語據稱自咸豐五年黃水於山東張秋鎮
穿運走大清河由利津口入海雖河身足資容納
而瀕河之長清惠民齊東利津等縣當伏秋大汛
水勢盛漲或衝刷缺口或刷及城垣經各該縣搶

築土埝抛護磚石數載以來得以捍禦無虞自應

量予奬叙以昭激勸所有連年捐資出力之歷任

各知縣及節次委勘勸辦之員著准其查明會同

山東巡撫擇尤保奏毋許冒濫欽此